有争议的建筑

唐艺设计资讯集团 策划 / 广州市唐艺文化传播有限公司 编

天津大学出版社
TIANJIN UNIVERSITY PRESS

图书在版编目（CIP）数据

有争议的建筑/广州市唐艺文化传播有限公司编.
—天津：天津大学出版社，2013.5
ISBN 978-7-5618-4678-0

Ⅰ. ①有… Ⅱ. ①广… Ⅲ. ①建筑设计—评论—世界
Ⅳ. ①TU206

中国版本图书馆CIP数据核字(2013)第093125号

责任编辑 郜欣萌
装帧设计 李仕泉
文字整理 程桂华
流程指导 陈小丽 高雪梅
策划指导 黄静

有争议的建筑

出版发行 天津大学出版社
出 版 人 杨欢
地　　址 天津市卫津路92号天津大学内（邮编：300072）
电　　话 发行部：022-27403647
网　　址 publish.tju.edu.cn
印　　刷 恒美印务（广州）有限公司
经　　销 全国各地新华书店
开　　本 185mm×250mm
印　　张 23
字　　数 242千
版　　次 2013年5月第1版
印　　次 2013年5月第1次
定　　价 228.00元

任何一个标志性建筑都有争议！

争议，恰是推动力本身！

前 言

建筑是城市体系中非常重要的元素。如果把城市看做一个人的脸庞，那么建筑就是城市的眼睛。眼睛的“美”和“丑”并没有永恒的标准，关键还是与其他“五官”以及脸的搭配。标准化的建筑会让城市失去个性，而拒绝平庸、挑战传统，用奇特造型冲击公众视觉的建筑设计，必然会引起争议。

面对争议，设计师表现出乐观的欢迎态度，甚至认为直面争议也是建筑师的工作之一。正如被戏称为“大秋裤”的央视新大楼的设计者——荷兰建筑师雷姆·库哈斯，在接受媒体采访时，对提出的“你知道对你的设计有不少反对的声音吗？”这一问题，他表示：“当然知道。这很好，知道不同的意见，对方案会有补充和完善。只有令人厌烦的建筑，才只有一种声音。建筑是需要争议的。”

同样，被称为建筑界“女魔头”，亦是首位获得普利兹克奖的英国女建筑师扎哈·哈迪德，对其设计的中国北京银河SOHO和意大利罗马MAXXI博物馆等项目引发的争议声也表现出自信与乐观的态度，她认为：“现代社会应该允许多种理念的共存，允许人们用不同方式去解读城市化。”同时，她还表示：“我觉得没有什么比不断地重复更乏味的了，我只遵循我自己的规则。”而西班牙都市天伞的设计者——德国建筑师于尔根迈耶·赫尔曼也表示：“我们很高兴看到民众有如此多不同的解读，同时也很想知道项目提交开始运营之后，我们对于交流与公共空间的推断会如何转化。”

任何一样事物都没有绝对的好与坏，大师的作品也不一定十全十美。因此，争议是必然存在的。争议并不代表批评，争议的本身

只有令人厌烦的建筑，才只有一种声音。建筑是需要争议的。

——雷姆·库哈斯

证明了事物的存在，同时，争议也推动了事物的发展。引起争议的建筑未必不优秀，反而它对建筑的发展还有着积极的意义：它为普通民众开启了一个新的视角，并且认同建筑形式的多样化。每个人都可以提出不同的看法，“争议”不是一个贬义词，而是表达一种客观的态度。

如今所谓的“地标建筑”越来越多，究其原因主要有两点：一是政府希望通过该建筑彰显地方“政绩”而大力推广；另一则是开发商为树立企业形象，且以此获得地方政府的好感而积极响应。然而，“地标”虽多，获得广泛认同的却少之又少，甚至有的花掉几亿建一个巨型圆环来“美化”城市风景，却没起到任何实际的作用。正如建筑本身无法脱离城市环境而单独存在，任何创新和大胆的设想，都要考虑到建筑与城市、建筑与环境、建筑与人的关系。

由此，本书旨在通过对顶级地标建筑“从无到有”的设计与建造过程的分析，真实呈现建筑成型的背后故事，并通过对各方争议点的汇集，展现建筑对城市文化、区域环境、人的感受以及前期考虑和后期带来的影响与作用。从中，读者可以“取其长，避其短”，领悟到一个或成功或失败的建筑在其建设过程中所需要考虑的方方面面。

与此同时，历史的经验告诉我们：多年后，当我们回过头来再次观摩这些当今的争议建筑时，它们可能已经成为建筑中的经典之作。争议与经典，二者同在。

010　中国浙江宁波博物馆
宁波博物馆使用了上百万块旧砖瓦，在建筑界如此大规模运用废旧材料尚属首例。然而建设之初却遭到甲方质疑，并多次喊停，他们认为项目的造型奇怪，担心市民无法接受，同时认为项目建筑风格与周边环境不协调。

036　中国北京银河SOHO
扎哈·哈迪德运用参数化设计，将银河SOHO打造成一个360度的建筑世界，每栋建筑个体都有中庭和交通核心，并在不同层面上融合在一起，从而创造了连续流动的空间。然而项目建成后却颇受市民争议，他们认为项目的造型、实用与美观之间有些失衡。

072　意大利罗马MAXXI博物馆
它以迷人的内部空间，被国外媒体评价为扎哈·哈迪德有史以来最好的作品。但部分人士却认为建筑外观与周边环境不和谐，且内部结构的艺术性与实用性相冲突。

120　英国伦敦奥运会水上运动中心
其最大特色为拥有160米长的波浪形屋顶，宛如在海底游动的鳐鱼。然而同行建筑师却认为该项目一味强调创新设计，却导致部分区域出现视觉障碍。另外工程造价高昂，而建筑质量却不尽人意。

144　美国纽约云杉街8号
云杉街8号是全世界排名第十二的摩天大楼，也是西方最高的住宅楼。超过1万块不锈钢板覆盖大楼的表面。更让人叫绝的是，所有钢板的形状都各不相同，大楼的外形会随着观察者角度的不同而变化。然而让人遗憾的是，立面结构与空间布局不协调。

160　美国拉斯维加斯克利夫兰卢·鲁沃脑健康中心
项目最大的设计特点为顶部是一个杂乱弯曲的、波浪起伏的金属和玻璃的格子棚架。俯瞰这个建筑，可隐约看出设计的构思来自左、右脑的概念，透出逻辑与创造的意涵。然而奇特的建筑造型却引发民众对其美感作出了极端的评价。

200　阿联酋迪拜塔
项目建筑外形具有太空时代风格，且最终以828米的高度成为世界第一高楼。然而项目的争议也颇多，如资金投入与经济效应不成正比；创新技术虽多，但能耗过量；高度性与安全性之间的矛盾。

232　英国伦敦桥大厦
作为伦敦新地标建筑，项目的外墙设计向内倾斜，并由依次向上延伸的玻璃片覆盖，自下而上由粗变细，最终形成一个晶莹剔透的玻璃“金字塔”。然而有的建筑师认为这样的高层建筑集群容易导致城市污染。另外部分市民认为项目的建筑外形与周边环境不和谐。

250　中国深圳证券交易所新总部大楼
项目的最大特点是，在立柱形的大厦中下部，建筑的底座被抬升至30多米高，形成一个巨大的“漂浮平台”。据悉，该平台是世界上最大的悬挑结构，被誉为“世界上最大空中花园”。然而民众却并不认同项目的造型，认为其设计理念与建筑造型之间存在矛盾。

268　朝鲜柳京饭店
项目的建设初衷是打造全球最高酒店，然而由于资金不足导致项目在仅完成主体框架的情况下停工16年，如今这座外形酷似埃及“金字塔”的建筑终于完整地展现在人们面前。然而却因大楼的外形与结构框架存在矛盾，且设计目的与实用性不一而引起广泛争议。

282　西班牙都市天伞
项目的建筑设计极具未来主义色彩，基座是混凝土柱，顶部的木制结构是工艺最复杂也最为耗时的部分，超大面积顶棚采用独特的蜂窝状结构，看起来像腾空而起的蘑菇云。然而项目却因耗资巨大，耗时过长，独特外形有悖于功能性需求而引发争议。

308　埃及吉萨大埃及博物馆
从城市设计角度看，项目犹如一座纪念碑，是游客从繁华的都市前往金字塔参观的必经之路，是引导游客穿越时空追忆历史的转折点。然而部分民众却认为项目的现代建筑外形与周边传统建筑形象存在着美学失衡。

328　日本东京多摩美术大学图书馆
该图书馆具有独特的气质，拱形相互交汇的建筑结构辅以大面积的玻璃窗，使整体建筑犹如一件镂空的艺术品，更如同一座圣殿。但是图书馆中大面积的开窗采光和建筑内部的声学品质却存在一些争议。

342　附录　其他有争议的项目

中国浙江宁波博物馆

编辑观点：宁波博物馆外墙面“瓦爿墙”和“竹条模板混凝土”的使用，体现了文人建筑师王澍对传统建造工艺的偏爱，对古典的现代解读，对环境条件的尊重与思考。同时它更重要的意义体现在建筑肌理的质感和色彩融入自然与周边环境之和谐美，并达到了节能、环保和“可持续建筑观”的目的。

奖项

2009年11月，宁波博物馆获得中国建筑最高奖鲁班奖[1]

2012年2月28日，设计者王澍因宁波博物馆和其他一部分作品成为首位获得世界建筑学最高奖普利兹克建筑奖的中国籍建筑师

设计师：王澍 **项目地点**：中国浙江宁波鄞州新城区

占地面积：40 000平方米 **建筑面积**：约30 000平方米 **工程造价**：2.5亿元 **材料**：旧砖瓦、毛竹等

开工时间：2006年8月 **建成时间**：2008年8月

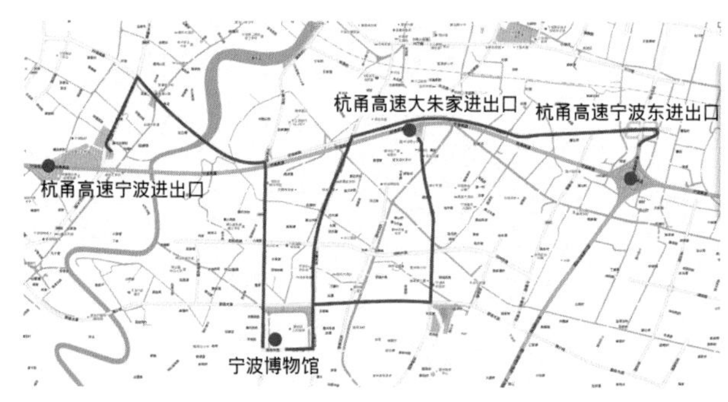

项目定位 宁波博物馆是宁波市委、市政府确定的重大实事工程和八大文化设施之一，是以展示人文历史、艺术类为主，具有地域特色的综合性博物馆。它是体制机制创新的探索工程。

作为国内博物馆的新生者，宁波博物馆无论从前期策划、规划方案设计、资金筹措到施工建设、运营管理等都贯彻了开放创新的理念。筹建阶段即面向全球征集博物馆建设设计方案，充分借鉴现代博物馆发展先进理念和诸多城市文化项目建设经验。

区域位置 该博物馆坐落于宁波南部鄞州新城区核心地带，北临宁波鄞州区区政府、南临鄞州公园。它的东侧是两位院士的作品，一个是齐康院士设计的文化广场，一个是魏敦山院士设计的文化艺术中心。

宁波城市文化特色 宁波地处传统文化深厚的江浙地区，商道与人文俱盛，同时又具有滨江滨海城市的特点。王澍说："宁波是个很开放的城市，作为一个商业氛围非常浓厚的城市，城市个性也具有商人的特点，有契约精神，不像其他城市那般'矫情'。"

博物馆要扎根在宁波，除了处理与城市的关系，还需延续地域建筑的根脉，运用类型学、结构主义等现代思维方式，通过铺排庭院布局、营造场所情景、转化细部纹样等不同层面的设计手段，把地方性的情感注入新建筑当中。

前期沟通 王澍说："当年，宁波要建美术馆，我和许江院长（中国美术学院院长）去实地考察，看见了废旧待拆的轮船码头航站楼，作为一个艺术家，我敏锐地感觉到，里面的空间很适合做一个美术馆，从保护原建筑的角度，保留下来信号台，又拓展出高台院落。从经济方面来看，拆掉重建，起码要两个亿；改建的话，则需要一个亿。黄兴国书记（时任宁波市委书记）看了我的方案后，对于这样一个'奇异'的建筑，他竟然很豪爽地答应了。"

"这也是宁波的一个优点，会宽容地对待新生事物，去包容接纳。当时宁波市规划局倒是有些摸不着头脑，一波三折，还是被我说服同意，并高质量完成。"说完王澍自己也笑了，对于宁波美术馆，他自己这样评价说："它是艺术性和实用性的完美结合，既省钱又保留了老式的旧文化。"

王澍认为，现代博物馆在强调功能性的同时，也要注重审美性，因为博物馆建筑本身就是特殊意义上的“展品”。宁波博物馆使用了上百万块旧砖瓦，在建筑界如此大规模运用废旧材料尚属首例。

争议点1：
甲方质疑，多次喊停；造型奇怪，担心市民无法接受。

在方案阶段，甲方代表就强烈质疑材料运用是否得当，甲方代表咆哮道："这么现代化的'小曼哈顿新中心'，你用这么旧的材料来做一个博物馆，你什么意思？"

王澍回忆起招标过程依然记忆犹新，"瓦爿墙[2]是当时争论的焦点。后来我是用两个理由说服大家的：一是材料都是来自于宁波周边地区的旧砖瓦，大多是宁波旧城改造时积留下来的旧物，这样的设计相当于把宁波历史砌进了宁波博物馆；二是时间的变化，宁波博物馆虽然在2008年才落成，但这些砖瓦却带着一百年的历史，甚至带着两百年的历史，这在时间上很划算，参观者看到这些含有丰富历史信息的砖瓦，能够一下子拉近他们与历史的距离。"宁波博物馆的瓦爿墙材料除了包括青砖、龙骨砖、瓦外，甚至还有打碎的缸片。年代则多为明清至民国期间，甚至有部分是汉晋时期的古砖。

事实上，瓦爿墙在宁波有着传统根基，历史上以慈城[3]地区为代表的瓦爿墙最为典型，"我曾经站在慈城的瓦爿墙前有流泪的冲动，我们的老祖宗太了不起了，他们用自己的双手把这些已经可以当做垃圾扔掉的砖瓦一块块砌起来，而且还能砌得如此精美，我真的很感动。"在王澍看来，"旧砖旧瓦传承了文化记忆，也传承了中国传统建筑循环建造的方式，它们将记忆收存和资源节约合二为一。"

甲方的第二次质疑是在博物馆主体施工完毕后，工人们开始拆施工用的脚手架，拆了三天后，看到建筑露出来一个角，工人不敢拆了，问："这是什么怪物？"甲方看到实体后，也觉得看上去太奇怪，喊停工，怕宁波市民接受不了这个奇怪的建筑。

在众多的质疑声中，宁波博物馆最终还是如约与大家见面了。建造完成后，刚开馆的头几天，每天的来访人数都在几万以上，甚至到了第一个休馆日，来访的市民依旧人山人海，他们说"大老远赶来一定要参观博物馆"。宁波博物馆连续三个月没有休馆日。

王澍说："我也问过来参观的市民对这个博物馆的感受，他们会指着这片墙、那片砖，满含情感地回忆说特别像是他们家以前的砖墙，他们在斑驳的旧砖墙中回忆当初在老房子、老院子里的欢乐时光……"

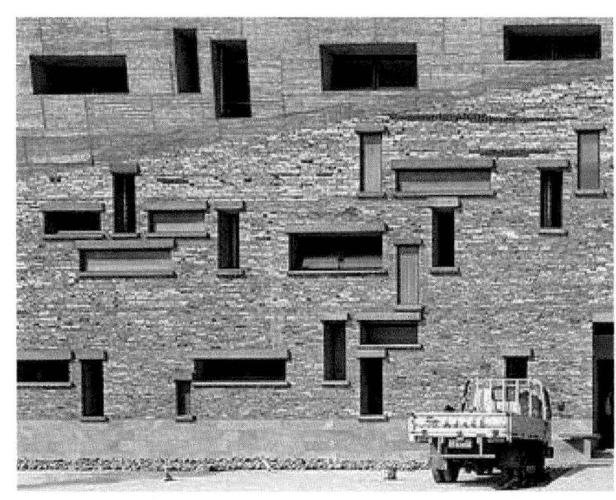

争议点2：
建筑风格与周边环境不协调。

部分人士认为："在这样一个崭新的摩登区域设计了一座反现代的建筑，整体不协调。"与周边新建的高层住宅对比，这座位于广场东北角、建筑面积达30 000平方米的3层博物馆似乎表达了相反的意义。

从设计手法上讲，它的结构充满随意性，从外观上看像个盒子，但其侧面却是倾斜的，缺失了大块面积；建筑各部分使用了多种不恰当的材料；立面上切凿出多个随意布置的小型开窗，丝毫反映不出建筑室内的任何内容。

其他建筑师评价　著名建筑师扎哈·哈迪德认为，人们不需要统一风格的建筑，人们会去衡量一个建筑的质量、价值，最重要的是要去理解一个城市的需求。伟大的建筑要为城市服务上百年的，要与其使用者对话，就必须要考虑到文化。

媒体评价　媒体普遍认为，整个设计将宁波地域文化特征、传统建筑元素与现代建筑形式和工艺融为一体，使造型简约而灵动，外观严谨而颇具创意。其中《中国文物报》记者李艳认为，宁波博物馆外河滩、芦苇、鹅卵石的景观装饰体现了自然与人文的结合，尤其是乡土主义的建筑外观和城市建设融为一体，在全国的博物馆中可谓独树一帜。

民众评价　(1)那一片老城区拆下来的瓦片，既让博物馆增添了历史感，又让那些瓦片能传承下去；

(2)每每经过那里，看着它那用旧砖瓦砌成的墙壁，仿佛都在述说着各自的故事，让人难忘；

(3)建筑造型很别致和独特，很有怀旧色彩。

普利兹克奖评委会评价：选中49岁的王澍，是因为“承认中国在建筑理念发展中的作用，建筑是应当以传统为基础还是应当展望未来，就像任何伟大的建筑一样，王澍的设计超越了那场争论，产生没有时间限制、深深植根于自身环境又具有普遍性的建筑”。

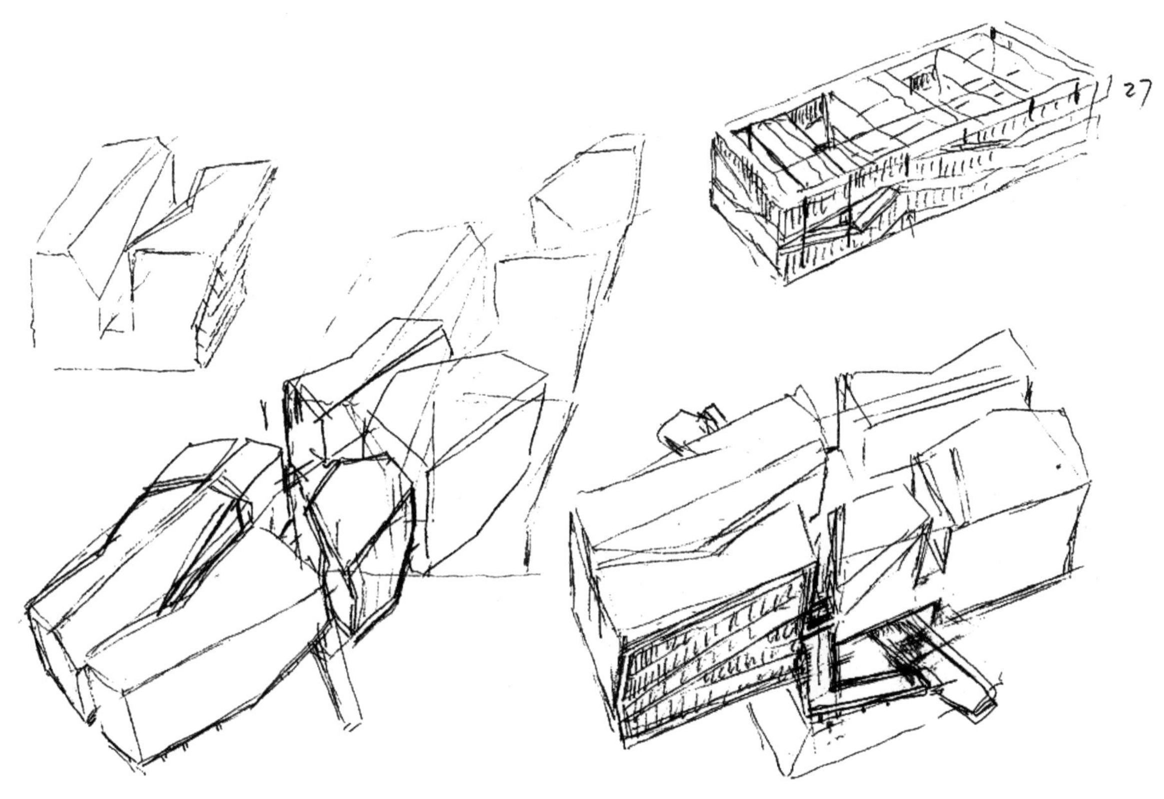

宁波博物馆建筑主体3层。如果用专业的语言描述，它的大致相貌是这样的：主体建筑长144米，宽65米，高24米，主体3层、局部5层，采用主体二层以下集中布局、三层分散布局的独特方式。博物馆的顶层则隆起5幢大小不一、造型各异、墙面倾斜的独立建筑，露天大斜坡、通道、玻璃屋顶，绿化小景穿插其间，营造出宁波历史文化街区的氛围和园林建筑一步一景的意味，将博物馆与建筑文化结合在一起。

宁波博物馆采用的是新乡土主义风格，除了建筑材料大量使用回收的旧砖瓦以外，还运用了毛竹等本土元素，这既体现了环保、节能等理念，也使宁波博物馆有别于其他博物馆。

其平面呈简洁的长方形集中式布置，但两层以上，建筑突显开裂状，微微倾斜，演绎成抽象的山体，这种形体的变化使建筑整体呈向南滑动的独有态势，宛如行进中的巨舟，耐人寻味。而在建筑内部，两层以上高低起伏的公共活动平台，从建筑整体隆起出5个单体，各具状态，形神兼备，观照整个空间，虚实相间，似又呈传统街区的格局与尺度；同时水域向北环绕建筑外围，使建筑环境具有江南水乡田园般诗情画意。中国传统文化中关于山、水与建筑之间的审美旨趣在独具意境中获得升华。

整个设计以创新的理念，将宁波地域文化特征、传统建筑元素与现代建筑形式和工艺融为一体，使之造型简约而富有灵动，外观严谨而颇具创意，同时，充分体现 “独特性、艺术性、经济性、超前性、功能性、安全性”。

宁波元素——它山堰、四明山和水　宁波博物馆建筑本身就承载了丰富的宁波文化信息，王澍设计宁波博物馆的灵感来自于它山堰和四明山。王澍向记者展示了宁波博物馆远景和近景的照片，“你看，宁波博物馆很多细节很精致。远看它没什么特别之处，就是一座房子，很平和。但近看你会发现它有微型的山川地理，很锐利。”

那么，宁波博物馆又包括哪些山川地理呢？王澍说：“宁波博物馆是一幢‘半山半房’的建筑，下面是房子但上面像山体，这些‘山体’就像四明山。”接着，王澍补充说：“四明山我去过好几次。在设计宁波博物馆之前，我还去了趟它山堰，那里很美。博物馆主入口通道就很像它山堰的堰体，当然稍微做了一些修改。”除此之外，水也让博物馆体现了宁波独特的水利文化，一道水流环绕着整个建筑的外围，寓意着宁波历史从渡口到江口再到港口的发展轨迹。

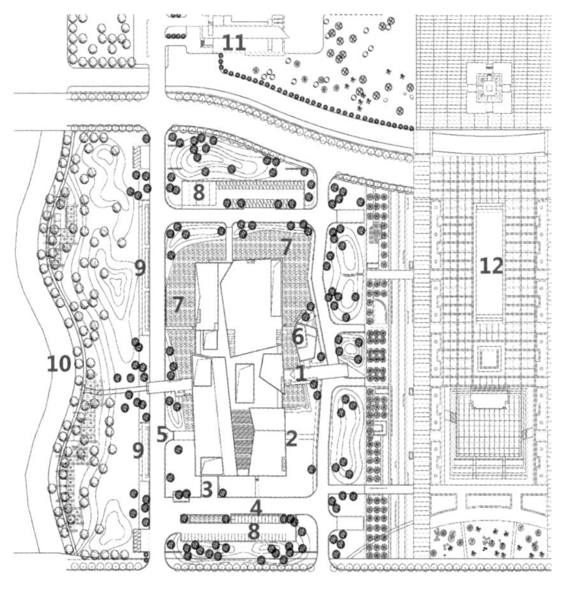

基地平面图

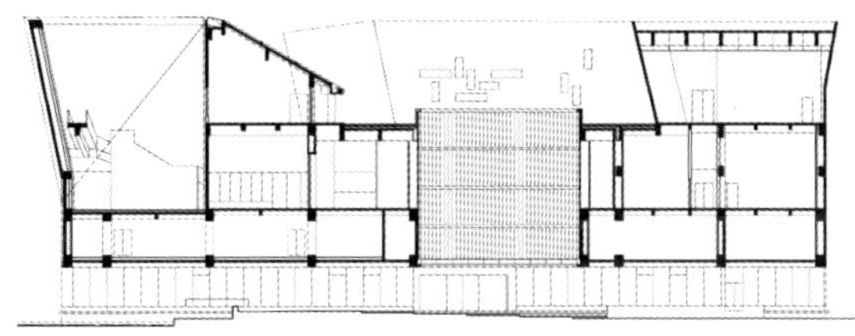
横剖面

1 主人口
2 行政人员人口
3 次人口
4 办公区人口
5 运货人口
6 餐厅
7 池塘
8 停车场
9 自行车停放处
10 河流
11 政府大楼
12 广场

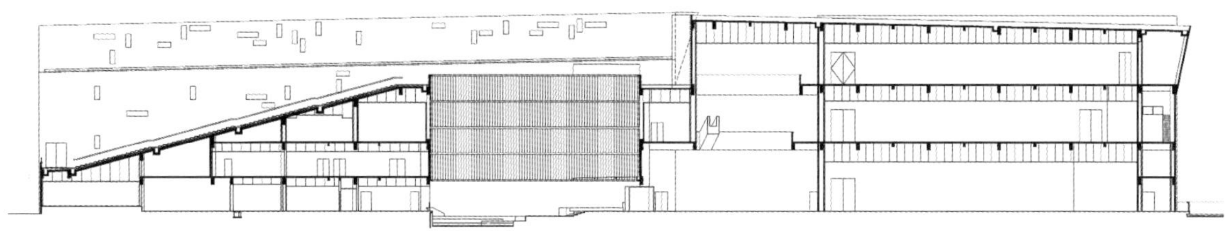
纵剖面

特色建材——回收的旧砖瓦和毛竹[4] 王澍在谈到自己的设计初衷时表示："使用'瓦爿墙'，大量使用回收材料，节约了资源，体现了循环建造这一中国传统美德。一方面除了能体现宁波地域的传统建造体系，并将其质感和色彩完全融入自然外，还在于对时间的保存，回收的旧砖瓦，承载着几百年的历史，见证了消逝的历史，这与博物馆本身是'收集历史'这一理念是吻合的。这样的设计相当于把宁波历史砌进了宁波博物馆。而'竹条模板混凝土'则是一种全新创造，竹本身是江南很有特色的植物，它使原本僵硬的混凝土发生了艺术质变。"

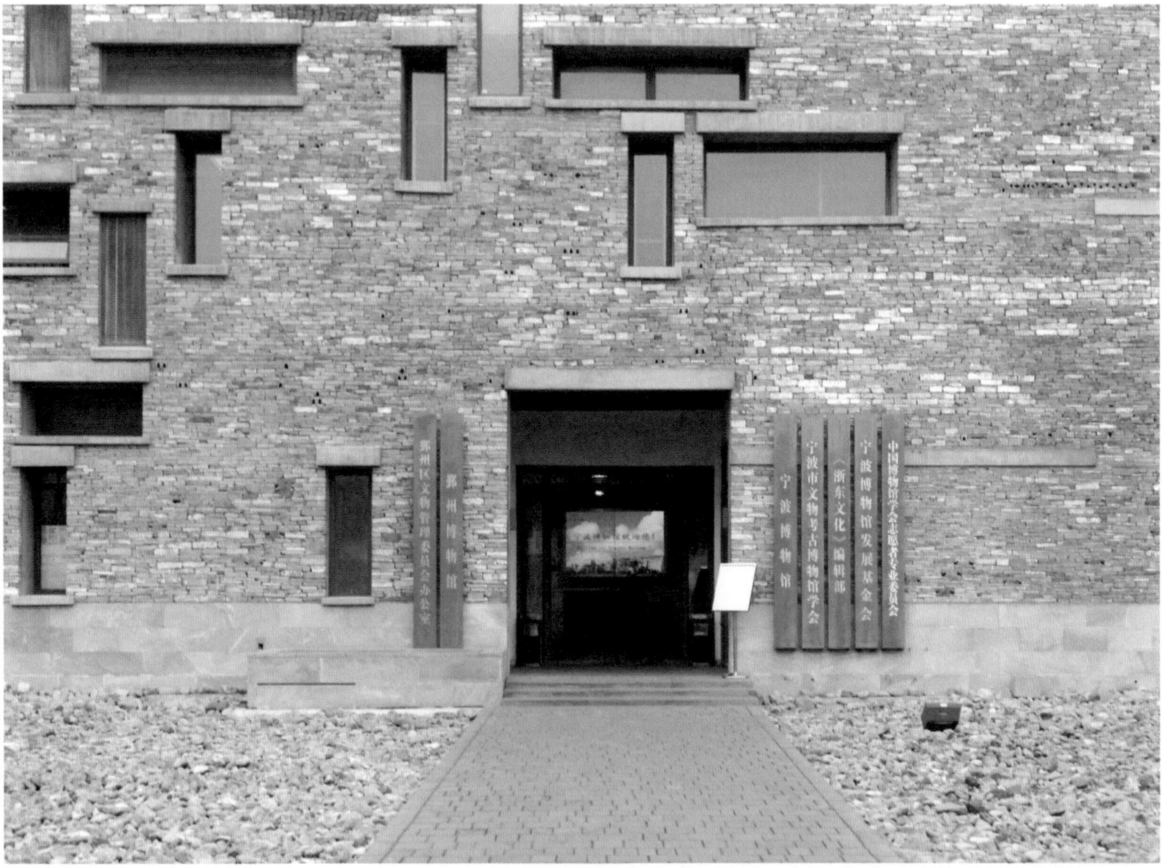
鄞州博物馆
宁波博物馆
宁波市文物考古博物馆学会
《浙东文化》编辑部
宁波博物馆发展基金会

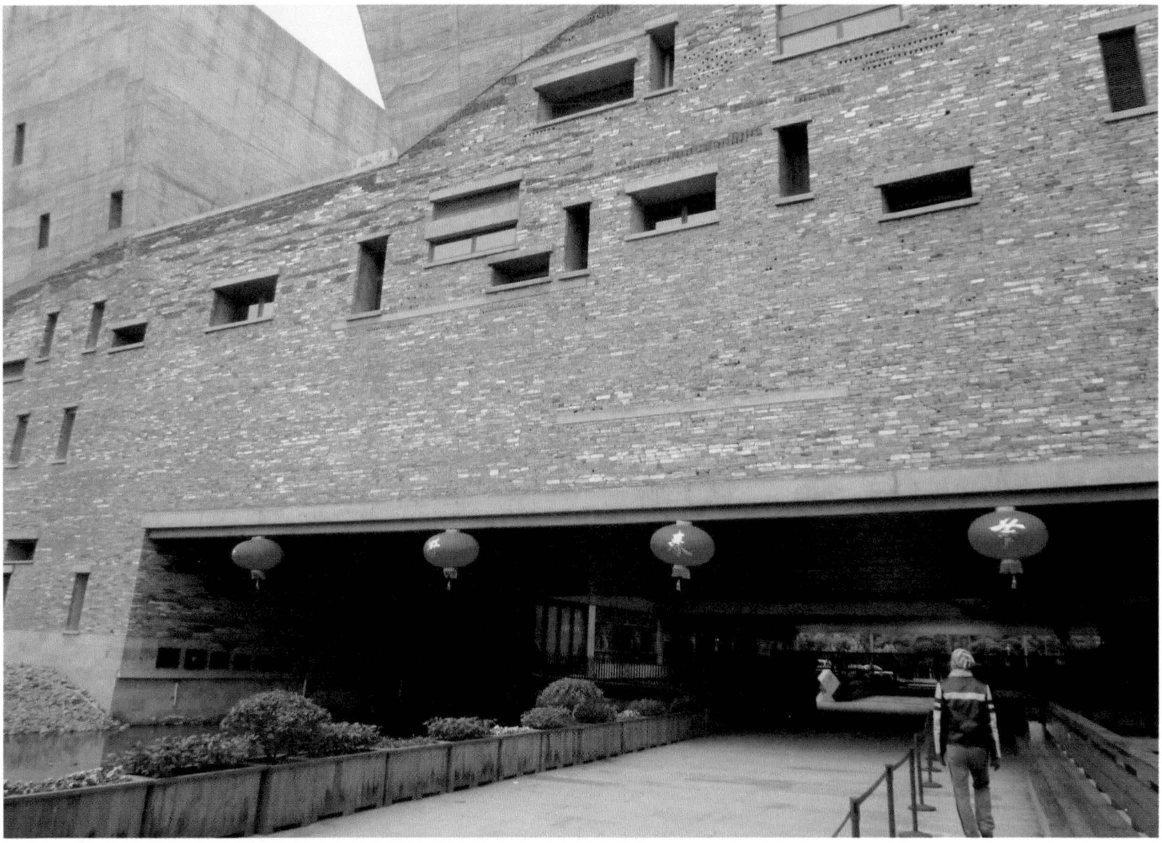

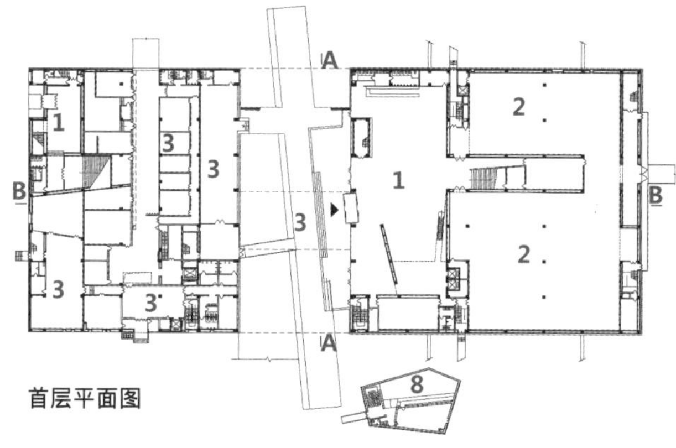

首层平面图

上图及下图：从建筑内部切凿而出的开口形成了一系列露天庭院。设计方案中包含两种建造方法：运用具有江南特色的毛竹制成特殊模板清水混凝土墙以及利用大量回收材料制成的“瓦爿墙”。墙体表面使用了20多种不同的砖瓦材料制成，而这些材料都是从旧村拆迁的工地上回收而来的。

1 主大厅
2 展厅
3 办公室
4 人口
5 后院
6 多功能厅
7 自助餐厅
8 餐厅

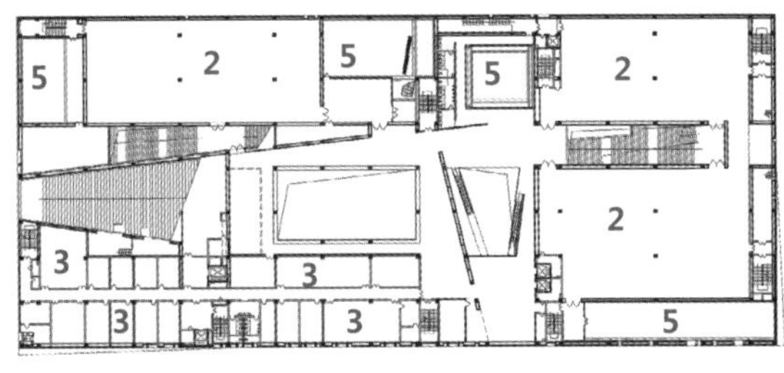

二层平面图

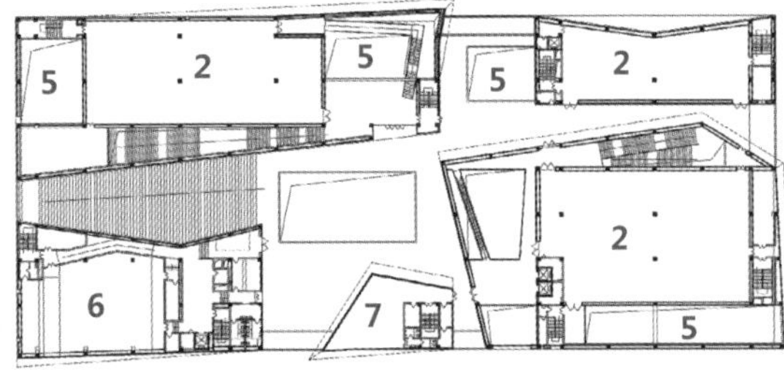

三层平面图

最大亮点——瓦爿墙、毛竹纹理墙　宁波博物馆的建筑设计方案是通过国际招标产生的，最后中国美术学院风景建筑设计研究院设计的方案一举中标，它以展示地方文化为特色，建筑造型简约而富有灵动，巧妙运用宁波传统建筑文化元素和工艺手法，特别是外立面的开窗法以及装饰性外墙采用浙东地区瓦爿墙和特殊模板清水混凝土墙。

据宁波博物馆相关人员介绍："整个宁波博物馆的瓦爿墙面积大概是13 000平方米，每平方米需要100块左右的旧砖瓦，这也就是说宁波博物馆所用的旧砖瓦在百万块以上。宁波博物馆在全国建筑界是第一个如此大规模运用废旧材料的建筑。"据悉，这个颇具特色的瓦爿墙是50余个工匠用双手一片片堆砌起来的，历时200余天。

此外，宁波博物馆的另一大特色是特殊模板清水混凝土墙，它的特殊模板是用毛竹做成的。王澍说："毛竹随意开裂后的肌理效果，正是我想要毛竹纹理墙达到的艺术效果"。

怎么会想到用瓦爿墙？ 宁波博物馆从方案设计到建成，一直争议不断，甚至还有质疑。

有记者问："建宁波博物馆怎么会想到用瓦爿墙？"

王澍说，当初他的一个好友告诉他，他们在拆迁旧房时发现了唐、宋等朝代的砖块。"我突然意识到，为什么一个旧房会有唐、宋、明、清各个朝代的砖块？因为勤俭一向都是中华民族的美德，旧砖重建是传统文化。"他说，"另一个原因是，中国的文人会赋予它很多诗情画意、意象化的文化含义。"

于是，王澍从中得到了建造博物馆最初的灵感。他说："用这样的方式建造宁波博物馆，只有中国甚至浙江才有机会做，因为在浙东地区，光是砖瓦就有80多种规格，而这在日本、欧美是根本不可能实现的，而且这建筑还如此巨大。"

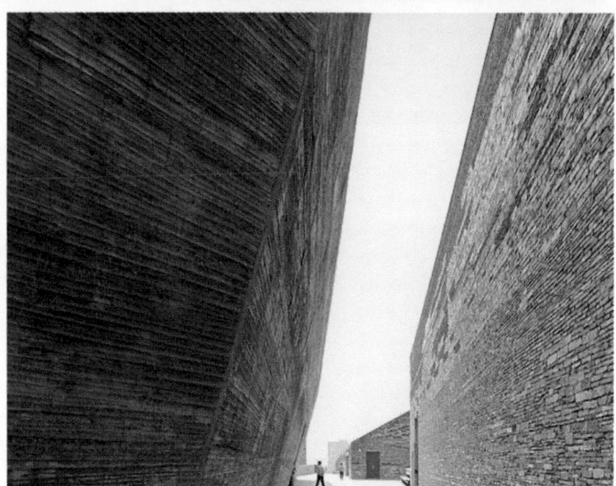

施工亮点 (1)大跨度钢结构混凝土梁。主入口大通道8榀27米大跨度横梁与立柱，采用劲性钢结构作为钢骨、外包钢筋混凝土形成桁架的施工技术和工艺，确保了大跨度结构承载负荷的安全性。

(2)倾斜的柱、梁。主体框架柱、梁在8.6米标高以上逐渐向外或向内倾斜，并根据顶层5幢独立建筑不同的位置和造型，使之倾斜角度不一，施工单位采取了斜柱按梁做法，先安装斜柱的侧模，再绑扎柱钢筋，确保了倾斜点、倾斜角度的准确定位。

(3)不设伸缩沉降缝。主体建筑平面长144米、宽65米不设伸缩缝和沉降缝，运用后浇带、无黏结预应力钢绞线和增设抗裂纤维等分段后张预应力方法，减少因温度、应力产生的裂缝。

后期运营情况 宁波博物馆2004年启动至2008年年底竣工，工程获得2009年度鲁班奖。该项目因为它所蕴涵的人文情怀、传统和现代的有机平衡，特别是它的原创性，建成后马上受到方方面面的关注，达到了从业界专家到深山里足不出户的老翁老媪直至各级行政领导都满意的效果。开馆至2011年年底已接待参观者近300余万人次，从博物馆随机发放的调查表中显示回馈满意率达到97.5%（以上数据由宁波博物馆方提供）。

王澍

1963年11月生，中国美术学院建筑艺术学院院长、博士生导师、建筑学学科带头人、浙江省高校中青年学科带头人。
2011年，成为第一位担任哈佛大学研究生院“丹下健三客座教授”的中国本土建筑师。
2012年2月27日，凭借浙江宁波博物馆获得了2012年普里兹克建筑学奖，成为获得这项殊荣的第一位中国公民。

代表作 中国美术学院象山校区、陈默艺术工作室、海宁市青少年宫、苏州大学文正学院图书馆、杭州钱江时代、鄞州公园五散房[5]、三和宅、金华瓷屋等。

设计特色 王澍喜欢阅读、演奏箫管，擅长书法和山水画，执著践行中国本土建筑学理念，享有“中国最具文人气质的建筑家”美誉。

作为活跃在中国建筑第一线的建筑大师，他的作品总是能够带给世人耳目一新的感觉，即使是对那些建筑司空见惯的人而言。凭着对项目场地的独特见解，对中国传统文化在建筑中的高超表达以及对不同建筑材料组合的巧妙把握，王澍的作品有着一种独特的象征性和延续性。

这种特殊的属性从何而来？引用王澍本人的话来讲：“在大家拼命赚钱的时候，我却花了六七年的时间来反省。”也许正是这六七年时间的反省，使得王澍能够在浮躁的社会和喧嚣的环境中静下心来，细细体会中国传统文化的精髓和魅力，并发掘其与建筑内在的微妙关系。这使得王澍的某些作品具有和国画相同的一些性质，例如：叙事性。

他能够在自己的作品设计中，体现出自己独到的视角和对中国文化的高深见解，并贯穿始终。

中国美术学院象山校区

中国宁波市鄞州公园五散房

中国苏州大学文正学院图书馆

中国杭州钱江时代

1 编者注 鲁班奖。鲁班奖是行业性荣誉奖，属于民间性质。1996年7月，根据建设部“两奖合一”的决定，将1981年政府设立并组织实施的“国家优质工程奖”与“建设工程鲁班奖”合并，奖名定为“中国建设工程鲁班奖”，每年评选一次，奖励数额限为每年100个。截止到2011年，共有全国31个省、自治区、直辖市和17个产业部门的1 614项工程获此殊荣。

2 编者注 瓦爿墙。从2000年至2008年，王澍的业余建筑工作室，设计了一系列使用回收旧砖瓦进行循环建造的作品，其中一种做法系得益于宁波地区的民间传统建造，使用了80余种旧砖瓦的混合砌筑墙体，名为“瓦爿墙”。

3 编者注 慈城。慈城是江南地区唯一保存得较为完整的古县城，被列为中国慈孝文化之乡。它位于宁波江北区西北部，距市中心14千米，是浙江省历史文化保护区。慈城史称句、句余、句章，从唐代开元26年（公元738年）为慈溪县治，至今已有1200多年的历史。作为中国传统县城的典范，慈城仍完好地保留着县治背山面水、公共建筑左文右武及街巷双棋盘布局，这充分体现了古代县治规划者的传统风水布局考虑和天人合一的思维模式。慈城2.17平方千米的古县城内，明清古建筑保存完好，著名的古建筑有孔庙、甲第世家、福字门头、布政房、姚状元宅、符卿第、向宅、冯宅、俞宅等。

4 编者注 毛竹。毛竹学名为孟宗竹，别名有江南竹、猫头竹、貌儿竹、貌头竹、茅茹竹，是广泛生长于中国南方山区的经济作物。圆筒形秆散生高大，秆环不隆起，秆上部每节有二分枝，竹节长，结构坚韧，生长时间短，经济价值很高。孟宗竹广泛应用于建筑、装饰等方面。

5 编者注 鄞州公园五散房。王澍获奖的重要原因之一，就是他多年实践的“新乡土主义”建筑风格；而王澍“新乡土主义”的“试验田”就在宁波，鄞州公园五散房曾被王澍称为“我的一次小试验”。

与宁波博物馆隔路相望的鄞州公园内，有5座小建筑，名为五散房。五散房分为茶室、画廊、咖啡厅、管理用房等，分别用了5种不同的建筑类型和建造方法。五散房所采用的墙砖，有的完整有的残缺，有的厚有的薄，有的雕花有的没纹，有的平直有的带弧，都是从老房子中拆下来的回收利用砖，而且采用了最传统的夯土技术。

五散房建成后，这个“小试验”在业界激起了不小的波澜，因其完美体现了可持续建筑的五项评选指标，获得了HOLCIM可持续建筑大奖赛亚太区奖项之一。

王澍在五散房这个“小试验”获得的建筑美学新观念、传统工艺和建造方法经验，此后被应用于中国美术学院象山校区和宁波博物馆。

中国北京银河SOHO

编辑观点：作为一个大型商业项目，且是继“鸟巢”“国家大剧院”“新央视大楼”后最有标志性的建筑，银河SOHO融合中国传统院落哲学内涵与西方现代建筑流线外形于一体，同时在设计、施工和使用中遵循美国《领先能源与环境设计建筑评级体系》标准（LEED[1] C&S standard），为中国的商业建筑树立了新典范。

奖项

LEED CS 2.0 银级

设计单位：扎哈·哈迪德建筑师事务所 **设计师**：扎哈·哈迪德 **设计费**：约4 400万元

当地设计机构：北京市建筑设计院 **施工单位**：北京清尚环艺建筑设计院有限公司 **开发商**：SOHO中国

项目地点：中国北京东城区小牌坊胡同甲七号 **占地面积**：50 000平方米 **总建筑面积**：328 204平方米

开工时间：2010年5月 **建成时间**：2012年10月

项目定位 项目是目前北京东二环内唯一的也是体量最大的商业项目，投入使用后将成为一个多维的、自由的、开放的、融合的城市空间。这座流动的优美建筑群不但营造了流动和有机的内部空间，同时也在与此毗邻的东二环上形成了引人注目的地标性建筑景观。

区域位置 项目位于北京市朝阳门立交桥西南侧，紧邻朝阳门SOHO一期、二期，地处东二环交通商务区的核心区域。全中国最重要的核心支柱产业——能源、电信、金融类企业总部齐聚于此。

被誉为北京"第四商圈"的东二环，是古老皇城与现代化新城区的交接，是一个北京文化和国际商务相融合的地段，是北京最早的涉外商务区。

北京城市文化特色 北京作为有着八百多年建都历史的文化古都，处处体现出庄严雄伟、主次分明的城市文化特质以及雍容大度、热情豪放的城市文化个性，从而形成独具特色的"京味文化"。

正是这一具有独特文化氛围的北京城，随着城市建设的发展，正在逐步接纳新一代原创建筑，原创性的建筑设计将成为推动城市发展的动力。由此北京银河SOHO的诞生不仅符合这一城市的发展轨迹，同时也将为北京的城市建设树立一个新的风向标。

前期沟通——使用绿色建筑技术以及率先引入科技系统 项目在前期设计规划中采取了一系列绿色建筑策略以争取通过美国LEED绿色建筑认证。其中包括设置自行车位和更衣室、低排放机动车位等措施以激励员工采取更加绿色的出行方式，选择冷屋面系统减少建筑热岛效应影响；景观节水、中水回收利用及节水器具的使用，以达到项目综合节水20%以上；采用节能灯具、高效冷机、高性能双银-LOW E玻璃等节能策略以达到综合节能14%，选择绿色制冷剂，减少对大气臭氧层的破坏及对全球气候变暖的影响；办公空调设置分户计量，以有效利用能源，减少能源浪费，等等。目前项目已取得美国绿色建筑委员会认可，预期目标为LEED CS 2.0 银级。

同时，银河SOHO使用了多项绿色建筑的先进技术，比如高性能的幕墙系统、日光采集、百分之百的地下停车、污水循环利用、高效率的采暖与空调系统、无氟氯化碳的制冷方式以及优质的建筑自动化体系。

据银河SOHO相关负责人介绍，该建筑的照明由扎哈·哈迪德建筑事务所与Light Design共同设计，设计标准依据美国LEED节能标准进行，在满足照明功能及表现建筑美感的前提下，大量使用了LED及T5等节能型光源，最大程度减少对能源的损耗。

另外为了解决前卫设计带来的施工难题，银河SOHO在设计和建设过程中率先引入了BIM（建筑信息模型系统）。

扎哈·哈迪德运用参数化设计，将银河SOHO打造成一个360度的建筑世界，每栋建筑个体都有中庭和交通核心，并在不同层面上融合在一起，没有角落，也没有不平滑的过渡，创造了一个连续流动的空间。

争议点：

造型、实用与美观之间的失衡。

银河SOHO是SOHO中国在北京二环内的一个高端商业办公项目，属于朝阳门SOHO的一部分，银河SOHO超前卫的设计让人们想到来自外太空的项目，完全不属于人类的建筑。夸张的造型让人们想到巨大的蜂巢或者是连成一片的土蜂窝，总之，不是人类智慧所能想象出的造型。

项目的开发商认为，创造一些能够提高北京城市居民及城市本身活力的建筑可以激发想象力，可以为人们提供一个实现梦想的地方。银河SOHO中形形色色的商铺和办公室组合在一起，最大范围地服务于城市居民和城市本身。“我们相信，银河SOHO这个商业办公的大型城市综合体会对这里云集的大型企业总部起到很好的辅助作用。”潘石屹表示。

作为目前北京东二环内最大的商业综合体项目，随着银河SOHO的落成，众人对它的评价呈现出两种极端：喜欢它的人认为这是扎哈·哈迪德在中国的又一神奇之作，它流线型、参数化[2]的设计给人带来耳目一新的感觉；而不喜欢它的人则认为它的出现破坏了原有传统的北京建筑文化，并纷纷为其取绰号，如馒头、马蜂窝、坟包等，对此，设计师扎哈·哈迪德本人表示希望以多元的共存来表现城市化。

东立面图

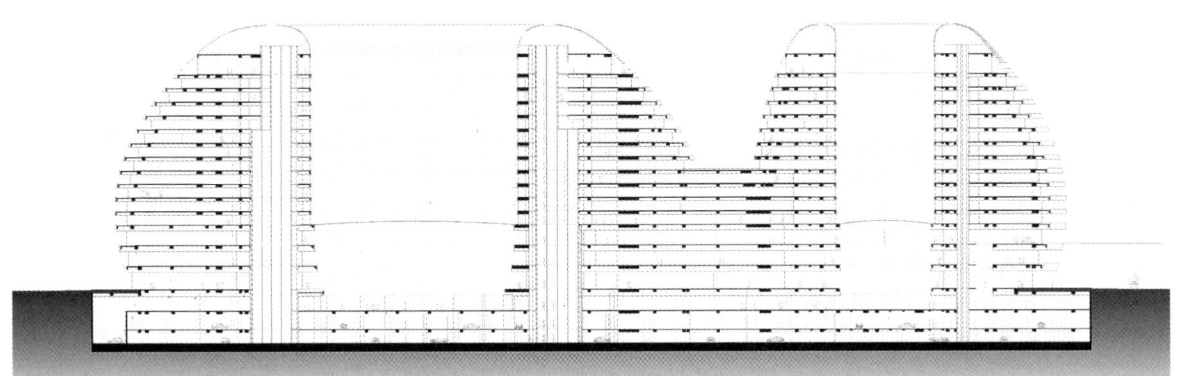

剖面图A—A

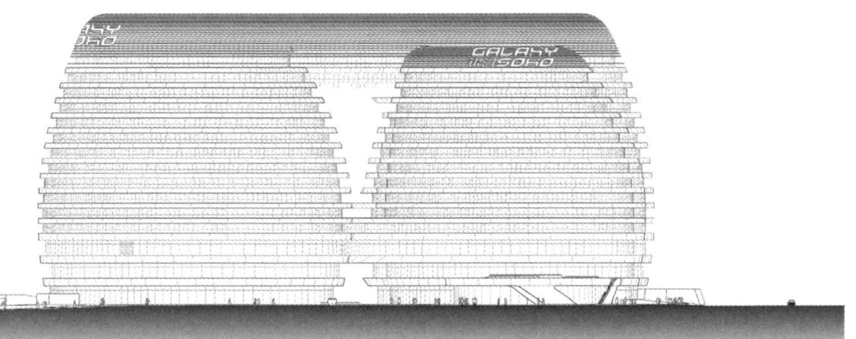

北立面图

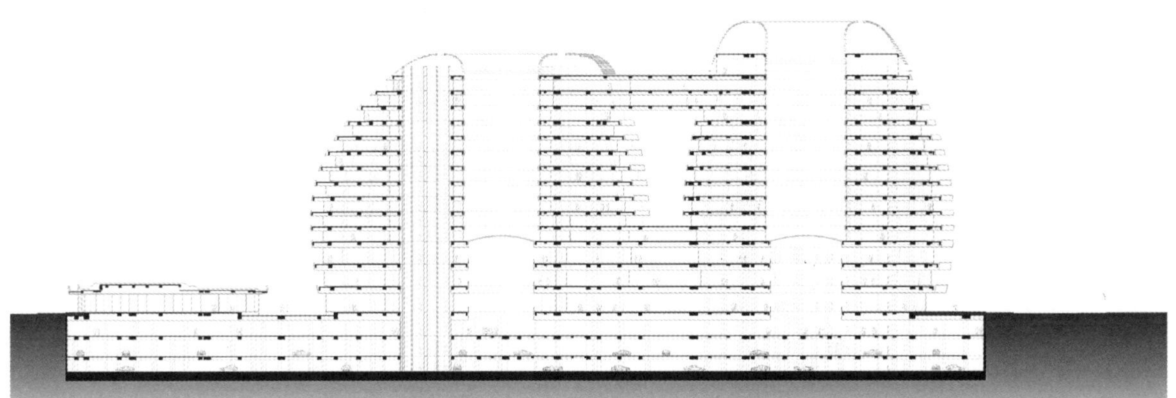

剖面图B—B

其他建筑师评价 建筑师周苏宁说："银河SOHO，为了售卖商铺，老潘连连廊都不放过！这算不算没有商业道德？"

媒体评价 部分媒体认为由于外部造型是曲线，使得内部区域有许多不规则形状，显然不好用。让造型与好用之间完美结合，显然太难了。

民众评价 在仰慕者眼中，扎哈·哈迪德是位特立独行的建筑大师，她的作品像是不规则的图形，但似乎又遵循着某种不为人知的规律，并在自身的理解上不断地多元化和形象化，透着一股"未来"气息。

一位来自清华大学建筑学院的学生说："银河SOHO描绘出建筑柔美的曲线，漫步于银河SOHO，仿佛置身于灿烂的银河星系。"一些网友则表示："银河SOHO放在长城脚下我会说前卫，放在浦东我会说现代，放在北京市中心，就是个土包子！"

项目由4座集办公和商业于一体的建筑组成，18层、高60米。白色的曲线形塔楼与天际线完美融合，4个螺旋形体量之间由一系列天桥连接，人们可以通过室内交通空间在4座建筑物之间穿梭。这个多功能建筑综合体包括零售商店、办公空间以及公共观景空间。

设计师运用充满幻想和超现实主义的设计理念，将项目打造成为与鸟巢和新央视大楼齐名的北京建筑新地标。

设计灵感 设计的灵感来源于中国传统的梯田。参数化设计本身是通过现代数字技术将自然的形态予以提炼，从而与现代文明相融合。这一项目中不断伸展、充满变化的楼层及平台将各个空间有机地组合在一起，如同山间的梯田，绵延不断，如梦如幻。

设计主题 设计的主题是借鉴中国院落的思想，创造一个内在世界。而同时，这又是一个完全21世纪的建筑：不再是刚硬的矩形街区及街区之间的空间，而是通过可塑的、圆润的体量相互聚结、融合、分离以及通过拉伸的天桥再连接，创造了一个连续而共同进化的形体以及内部流线的连续运动。

设计理念 参数化设计是一种新涌现的设计过程。在过程中各种参数互相联系在一起成为一个系统，因此一个参数的变动就会产生全局的影响。它在城市、建筑、室内、家具等各个设计领域都创造了系统性，具有适应性的多元化、连续渐变的差异化以及动感的视觉形式。

Ermenegild Zegna
VIDUTRA
KMIVAST
1853

RVJUTRA SADF
VIDUTRA ASDF
1853
KMIVAST
Ermengild Zegna
1853
KMIVAST
Ermengild Zegna

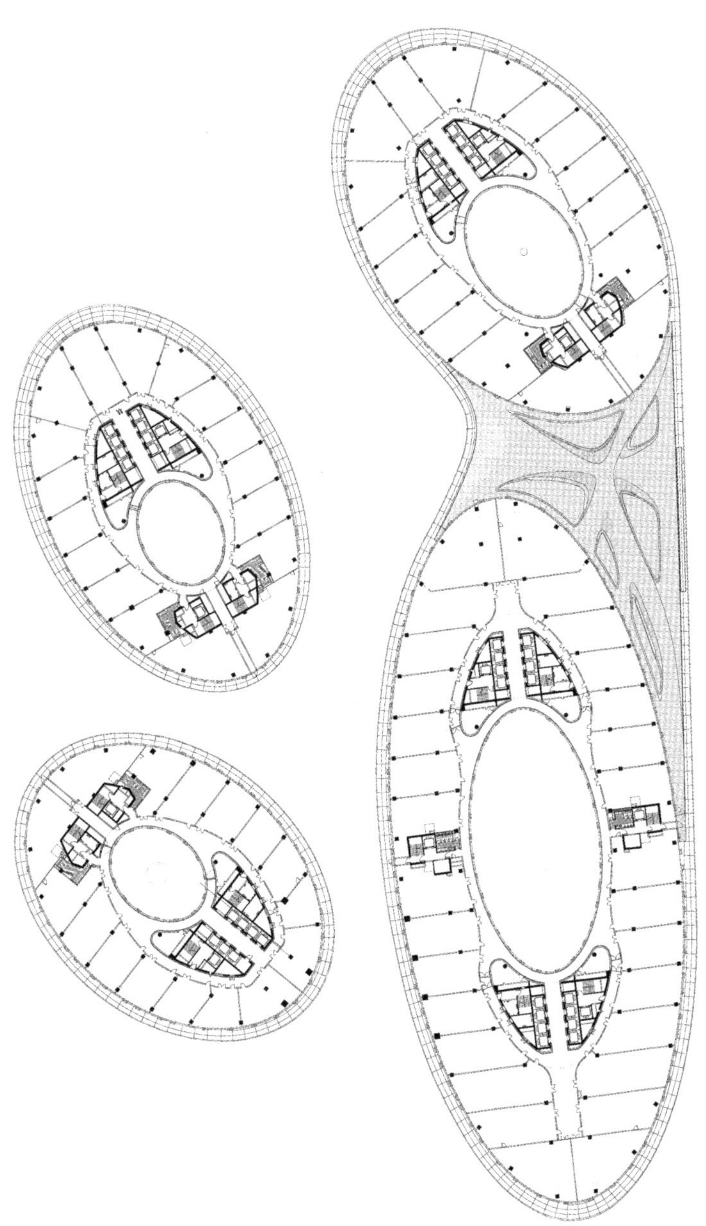

八层平面图

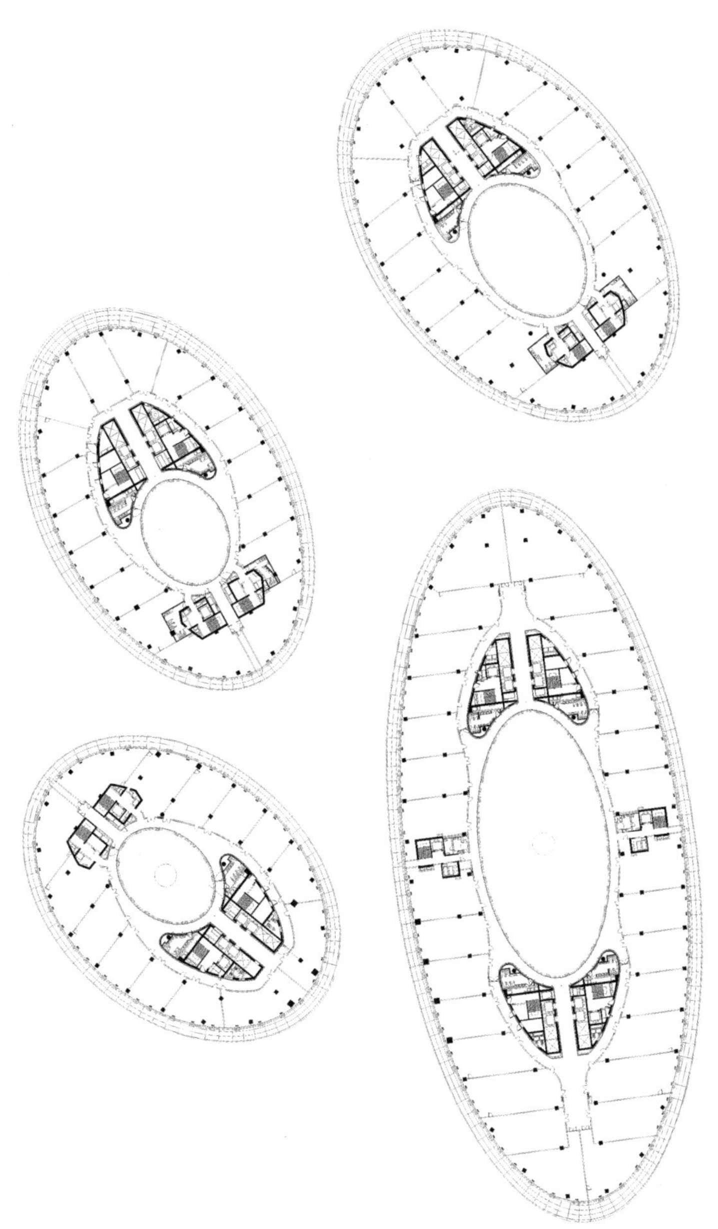

九层平面图

中央广场
B1 CANYON

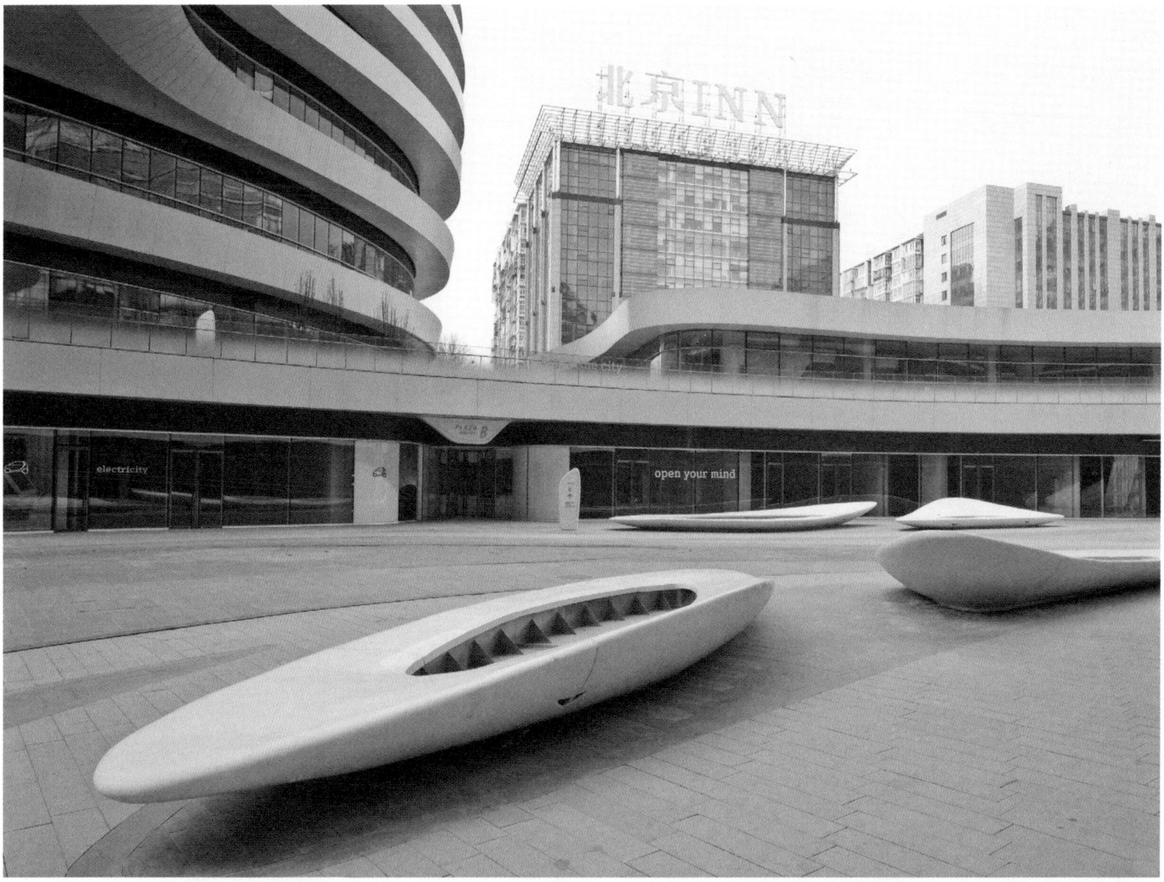
北京INN
electricity
open your mind

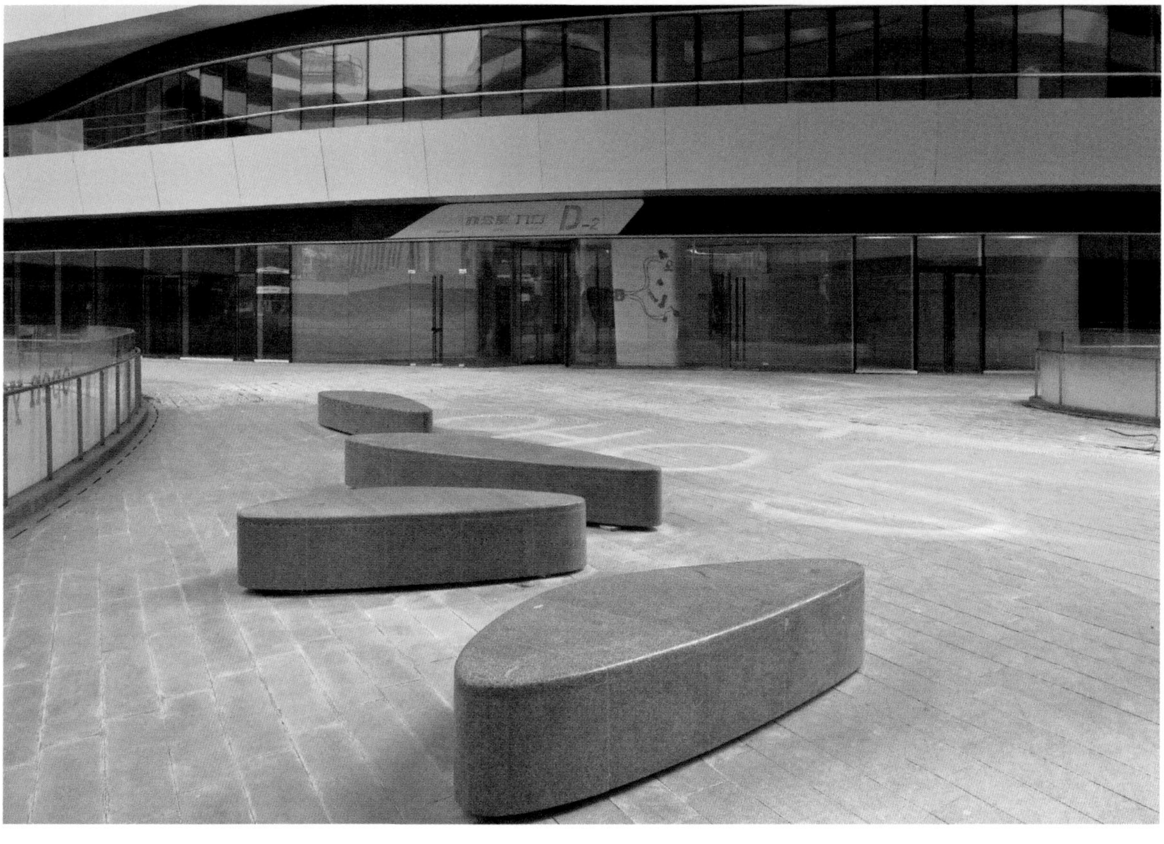

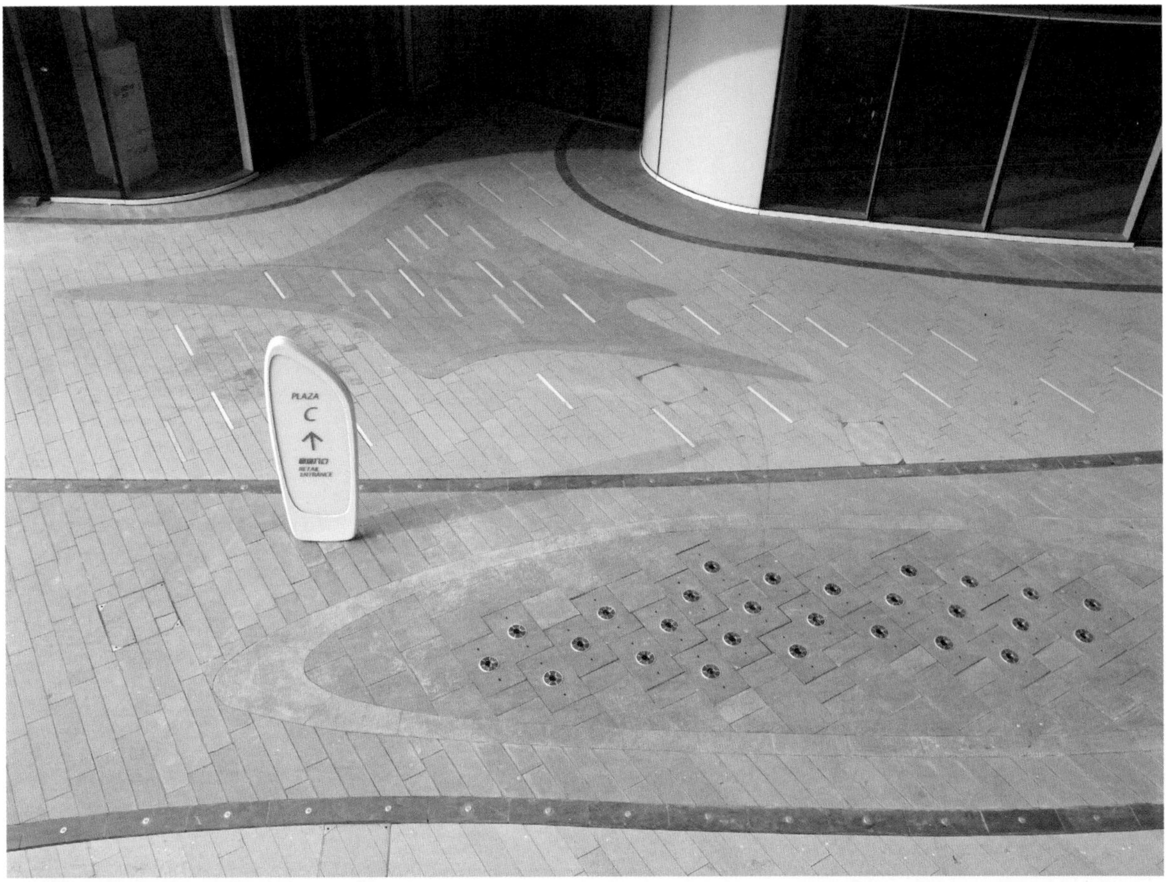
PLAZA
C
RETAIL
ENTRANCE

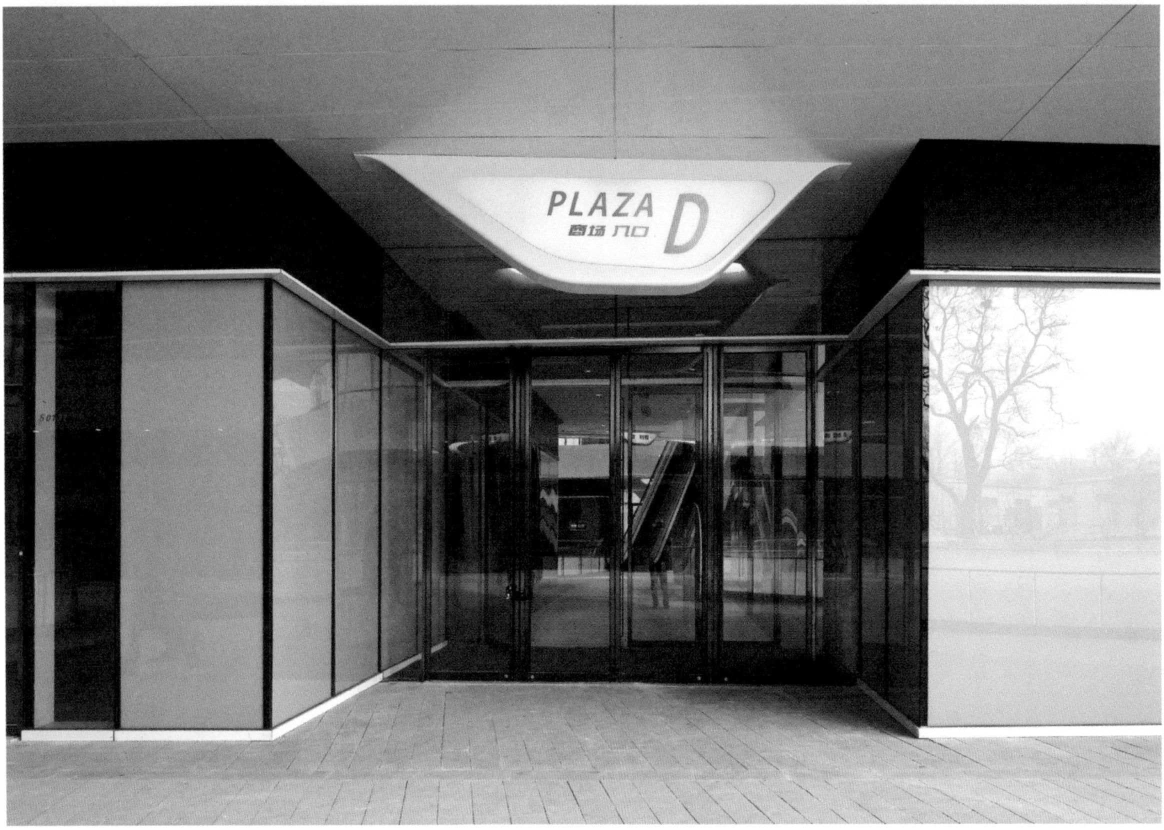
PLAZA
D

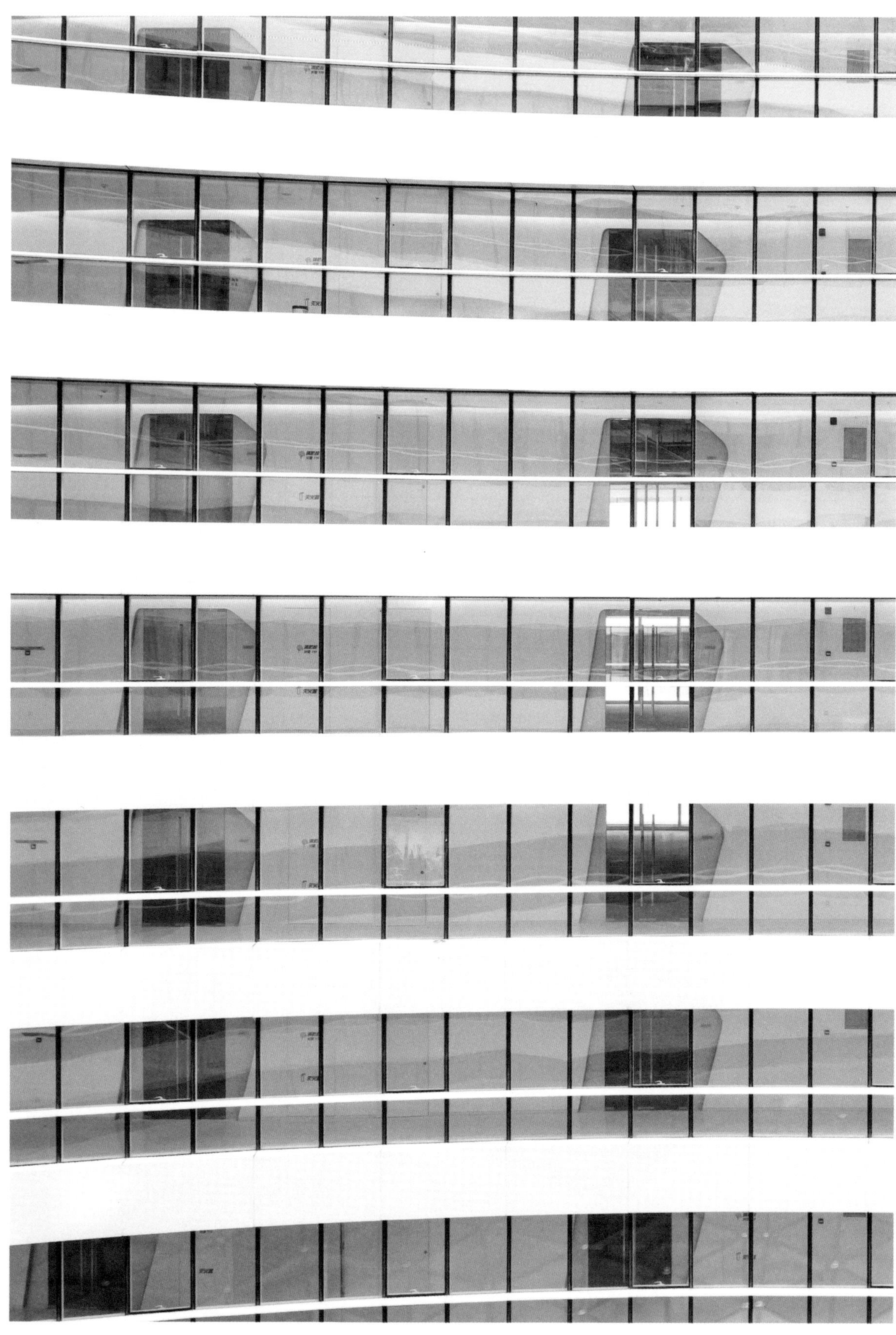

设计策略 在建筑设计策略上，此项目通过单体的整合营造出一个壮观的整体。每栋建筑个体均有它的中庭和交通核心，且在不同层面上融合在一起，从而创造出丰富流动的空间景致和室外平台。

平台的相互错综位移，不同层面对彼此视角的介入，产生环绕着的、引人入胜的环境。建筑在从下至上的不同层面的各个方向展开，所以它是一个360度的建筑世界，没有角落也没有不平滑的过渡，源自自然的启迪，建筑的外观展示了连续流动的深空间。

数百米长的景观构成深远的、全角度的视野。访客可以仰望，也可以向前远眺，透过百米长的空间找到下一目标和方向。这里的关键策略是空间的流动性和导向性。当走近建筑的时候，访客会观察到光影的游戏、开放空间和封闭空间的转换。

网壳屋顶结构 网壳屋顶结构，视觉完美，通透采光，如同清风薄雾般的玻璃采光天顶飘浮在4个椭圆形的商业中庭之上，室内外空间的界限也随之被结构通透的特性所消融。这种轻质透明的结构给建筑施加了最小可能的荷载，并极大提升了公共空间品质，在视觉和力学上达到了完美的平衡。

连续开放的室内空间 作为21世纪的设计，项目的室内空间不再是简单冰冷、坚硬的直线体量以及空间的堆积，而是柔性可延展的形体与表皮的珠联璧合，从而创造出连续流动的室内空间。

项目的办公空间分布在F5～F18层，总建筑面积约166 000平方米。办公产品类型多样，主要户型建筑面积为100～300平方米，可以满足不同客户的需求。每栋办公楼都有一个自然采光的椭圆形中庭，办公楼走廊围绕中庭布置，建筑形式明显区别于传统办公室内走道的形式，给办公人员创造一个轻松自然的办公氛围。高层有部分户型是内外两面景观，既可欣赏北京东二环区域大型办公建筑的雄伟，又可享受银河SOHO自身的独特景观。

项目的商业空间分布在B1～F3层，总建筑面积约86 000平方米。项目地标性的建筑形式能够最大程度地吸引客流，有利于商业运营。户型合理，最大限度满足各商铺独立户型的展示面和迎客面的均好性。4栋塔楼的商业空间在F3层有连桥使室内互相连通、便于不同塔楼客户在购物就餐时通行。

银河SOHO

后期运营

举办首个当代艺术家个展　随着2012年11月项目正式亮相，首个当代艺术家展览在此举办，展览主题为“不现实”。“不现实”的主题命名来自高瑀这样的一个思考：一个思维健康的人，面对这样的现实社会，都应该成为一个“反实在论者”，都应该多多少少有一些白日梦，有一点儿疏离感。

产品去化率高　项目于2010年6月26日开盘销售后，仅用3个月的时间就实现销售额101亿元，成为北京房地产销售排行榜的冠军。银河SOHO写字楼均价为6.1万元/平方米，商铺均价接近7.9万元/平方米。目前项目已接近售罄，共实现销售额169亿元。

散售经营　项目的全部商业面积作为SOHO中国自持统一招商经营，这也是SOHO中国继前门大街之后的第二个自持商业。伴随着银河SOHO这类散售项目完成销售，SOHO中国已将重心转为自持物业。

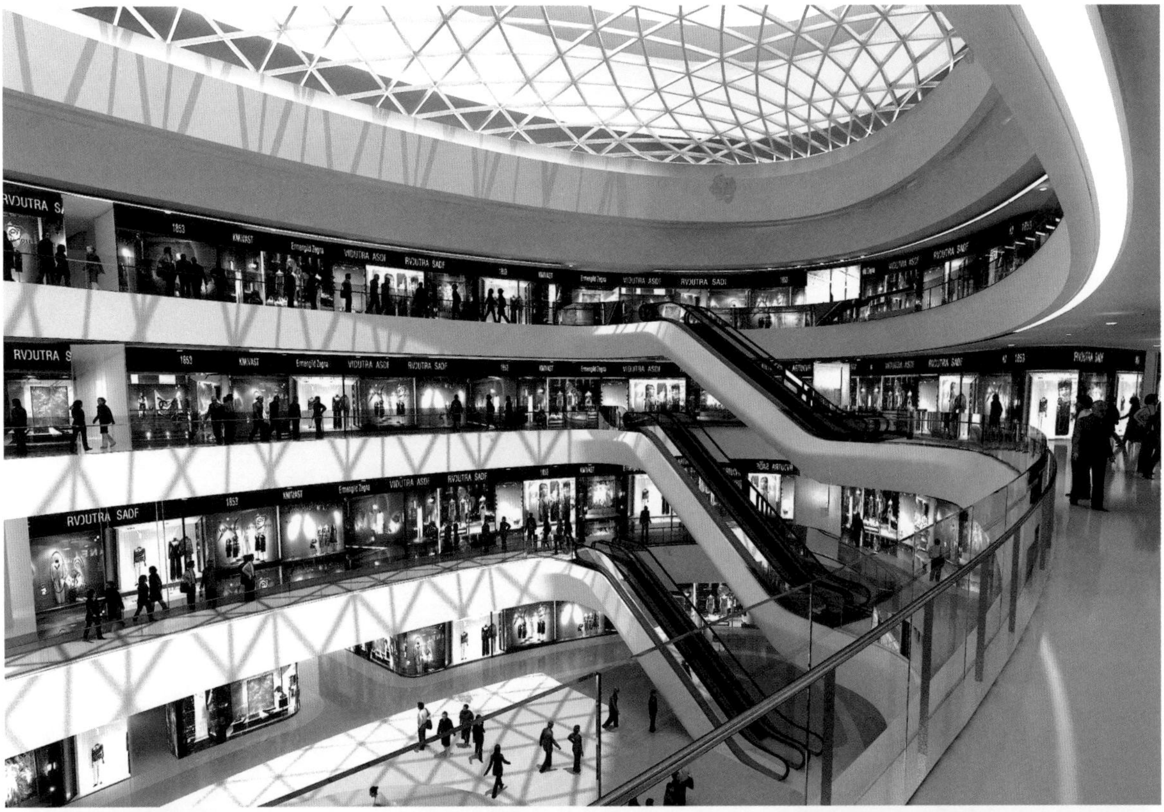
RVDUTRA SADF
1853
KMVAST
VIDUTRA ASDI

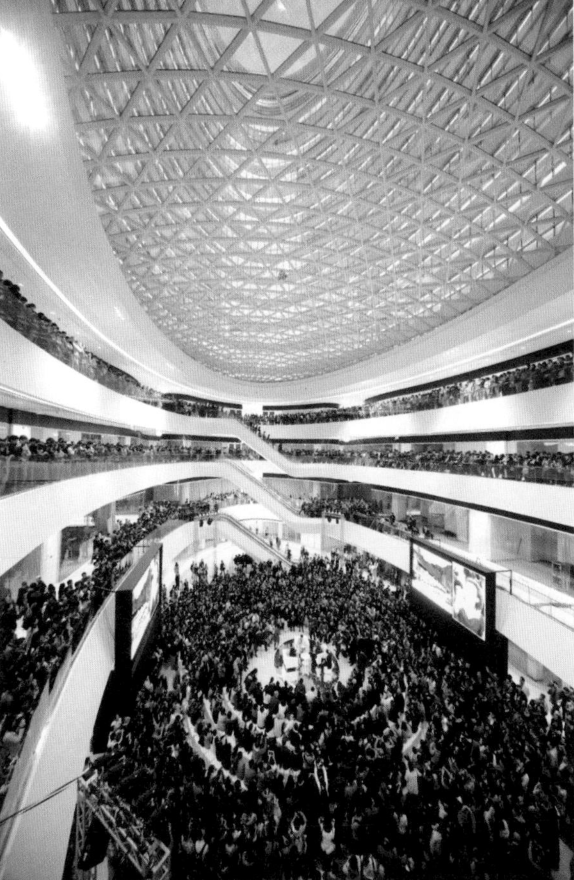

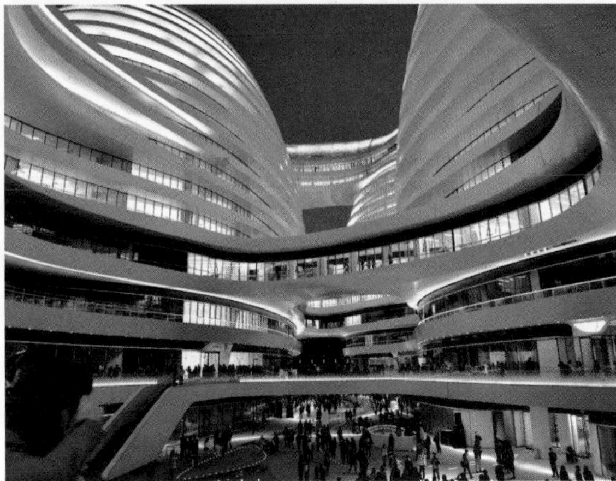

意大利罗马 MAXXI博物馆

编辑观点：历经10年，坐落于罗马居民区的MAXXI博物馆，才从一纸概念成为一座真实矗立在罗马土地上的建筑。它的建成，为该区域注入了现代活力。虽然工程周期较长，但作为意大利境内首个国家级当代艺术博物馆，吸引了来自国内外的关注，并为罗马市创造了一个新的中心点，成为体现古城新时代特质的一个恒久亮点。

奖项

2010年，英国斯特灵奖[3]

2010年，WAF世界最佳建筑奖

设计单位：扎哈·哈迪德建筑师事务所 **设计师**：扎哈·哈迪德 **委托人**：意大利文化部

结构工程师：Anthony Hunts Associates Ok Design Group **照明、灯光设计**：Equation Lighting

项目地点：意大利罗马北侧弗莱米诺区 **占地面积**：30 000平方米 **建筑面积**：29 000平方米 **展览面积**：10 000平方米

工程造价：2.23亿美元 **开工时间**：1999年 **建成时间**：2009年

项目定位 MAXXI博物馆是意大利的第一家大型当代艺术博物馆，首个致力于展现现代创意、艺术与建筑的场所。文化遗产与活动部部长桑德罗·邦迪说："这座以保护当代艺术为己任的国家博物馆将成为文化精髓的中心。"

区域位置 项目位于意大利首都罗马北侧的弗莱米诺区。罗马地处意大利半岛南北方向，由一座亚平宁山脉把意大利半岛分成了东西两部分，亚平宁山脉旁边有一条台伯河，罗马则建于台伯河流入地中海的海拔最低30 000米处。

罗马城市文化特色 罗马为意大利首都，也是国家政治、经济、文化和交通中心，世界著名的历史文化名城，古罗马帝国的发祥地，因建城历史悠久而被昵称为"永恒之城"。

罗马集中了意大利独立统一运动的大部分纪念物。在威尼斯广场右边的纪念碑中央高台上，矗立着埃马努埃莱二世骑马的镀金大铜像。埃马努埃莱是曾经领导人民赶走外国占领者、统一意大利的国王。这座纪念碑被意大利人称为"祖国祭坛"。在台伯河西岸的佳尼科洛岭上，耸立着率军解放罗马的意大利民族英雄加里波第的纪念碑。

前期沟通——体现时代感与保留城市文脉 几个世纪以来，集合了古典、中世纪以及文艺复兴时期精髓的罗马，其艺术与建筑成果一直是西方业界的标杆。而如今，一方面，人们越来越意识到昔日的辉煌不应被遗忘，反而应加以延续；另一方面，政府希望在这座以古迹吸引游客的城市中注入更多的现代元素，使其更具创新性。

因此，1998年，意大利文化部决定兴建一所当代艺术博物馆。他们认为，这个产生了乔托（Giotto）、米开朗基罗（Michelangelo）和贝尼尼（Bernini）等优秀艺术家和建筑师的国家，要想在未来有更多的文化遗产，必须继续促进当代的创造力。

正是基于业主对于时代感的追求，项目选址定在离中心城不远的二战时期遗留的废弃军用工厂上。同时，按照建设目的，所建的博物馆需是一个"工厂"，不但能作为当代艺术品的展示场所，同时其本身也能作为一个艺术品来展现当代的文化创造力。

另外，项目在设计中如何保留城市文脉，即军工厂中前兵营区这一问题纳入了议案。扎哈·哈迪德在充分研究基地的文脉环境和城市架构后，以穿越L形基地为思路，通过抬高低地使其与周边的高地相齐平，有效地将项目的体量和高度与周围环境自然地融为一体，从而解决这一问题。

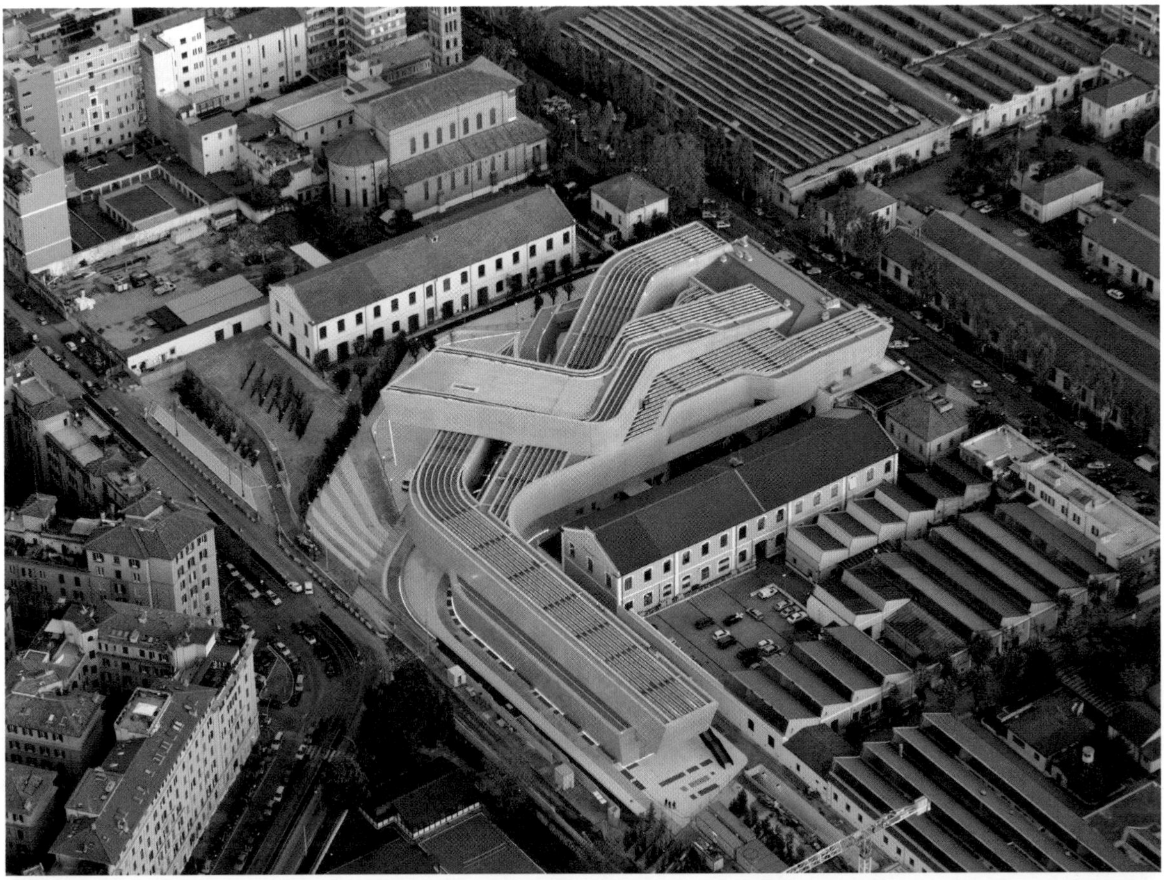

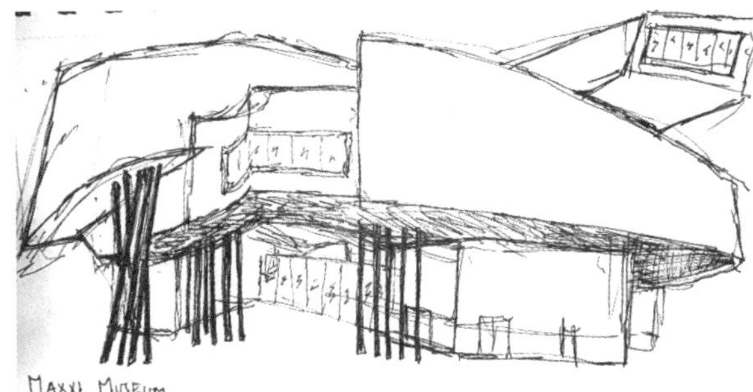
MAXXI MUSEUM

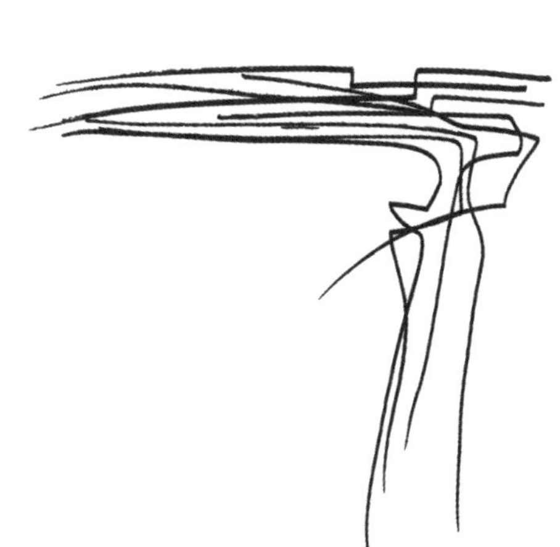

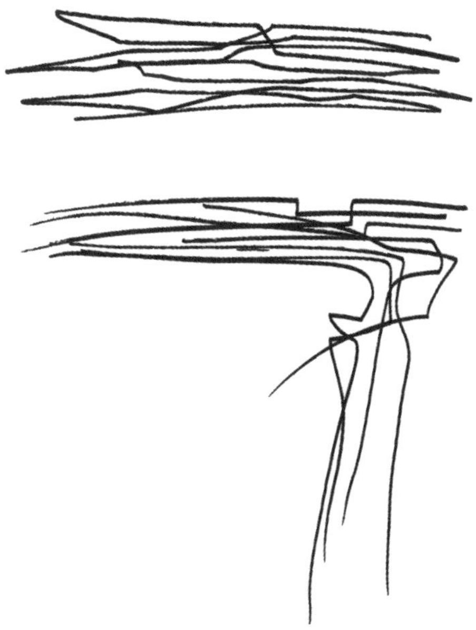

罗马MAXXI博物馆此次并没有因建筑外形取胜，而是以迷人的内部空间，被国外媒体评价为扎哈·哈迪德有史以来最好的作品。对此，扎哈·哈迪德说：“我认为MAXXI是个能让人沉醉的现代化场所，在这里可以交流观点，延续这座城市的文化激情。它不仅是一座博物馆，更是一座现代化文化中心。”

"MAXXI"中头两个字母"MA"代表美术馆(Museum of Art),而"XXI"是罗马数字表示21世纪,因此项目的全称为21世纪国家艺术博物馆。按意大利文化部的原有计划,博物馆本应在2007年开放,但因为资金问题而一再推迟。在罗马,由于该博物馆的造价一再提高,也因为它的超现代建筑外观与迷宫式内部结构而引起了很多争议。

争议点1:

建筑外观与周边环境不和谐。

作为世界著名的历史文化名城,罗马建筑兴起于公元9—15世纪,是欧式基督教教堂的主要建筑形式之一。罗马建筑的特征是:线条简单、明快,造型厚重、敦实,其中部分建筑具有封建城堡的特征,是教会威力的化身。

以静谧优雅的古典风情为荣的罗马古城,对想要栖身其间的现代建筑向来保持挑剔的眼光。因此,在这一古迹丰富的罗马城中现代建筑极其少见。

然而由扎哈·哈迪德设计的罗马MAXXI博物馆,一改人们对罗马陈旧、衰退的印象。这座用钢铁和玻璃搭建的现代建筑,其超现代外观让它看上去更像一个现代艺术装置,是对周边传统建筑形象的一个颠覆。而这种颠覆性的视觉感受,却让部分市民一时之间难以接受。

有人质疑扎哈·哈迪德式建筑特有的解构的流动性特征是否能够与罗马这个拥有丰富古典文化遗产的"静态"城市相匹配?有人评价它是"顽固不化的现代性",并且认为南面入口处的金属柱显得很笨拙,让人失望,甚至有人认为外表看上去有点邋遢。

对此扎哈·哈迪德表示:"将古老和现代并置的理念是极具争议的,我的工作很明显就是能将现代与古老并置。"

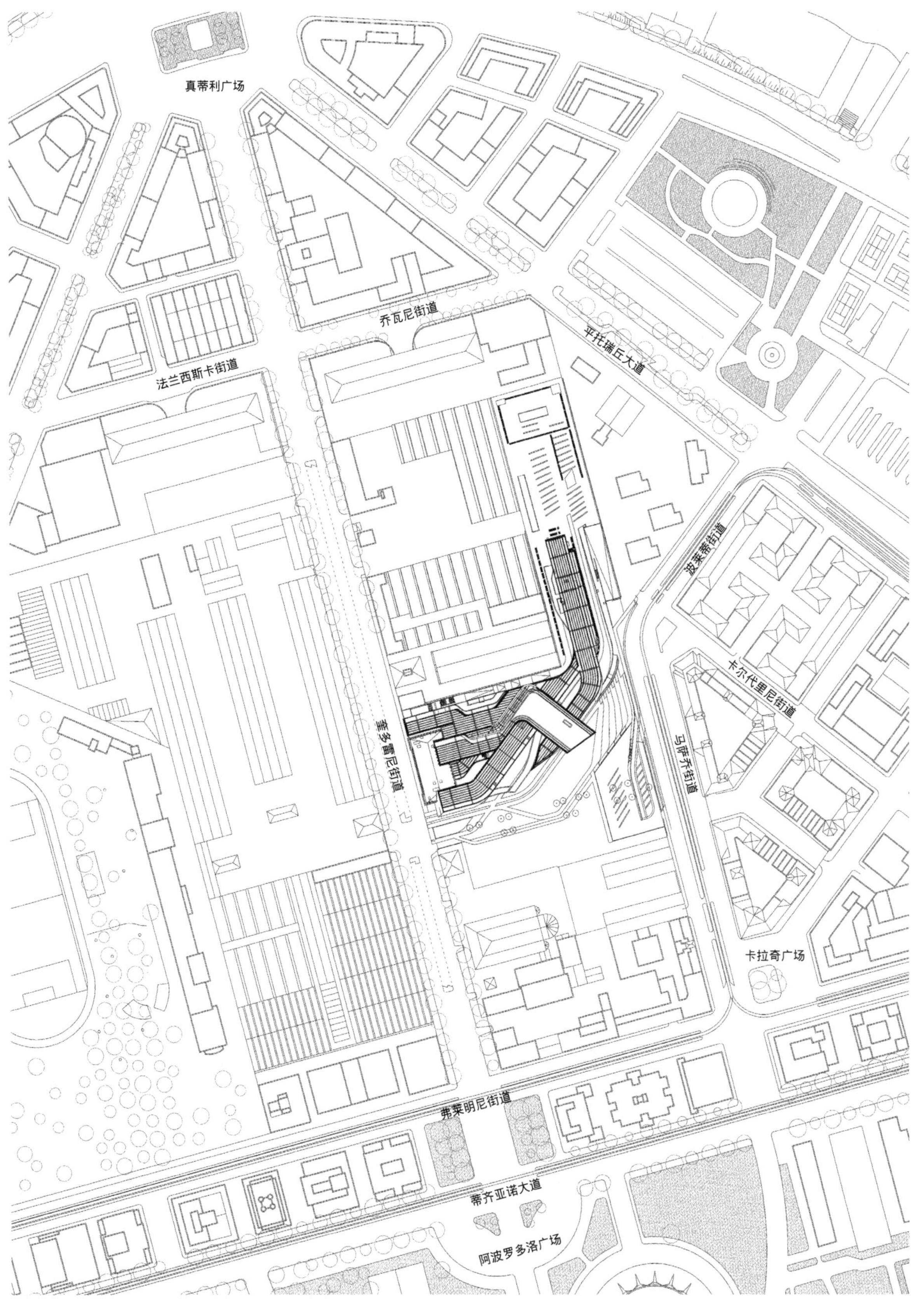

真蒂利广场
乔瓦尼街道
法兰西斯卡街道
平托瑞丘大道
波莱蒂街道
卡尔代里尼街道
马萨齐街道
奎多雷尼街道
卡拉奇广场
弗莱明尼街道
蒂齐亚诺大道
阿波罗多洛广场

总平面图

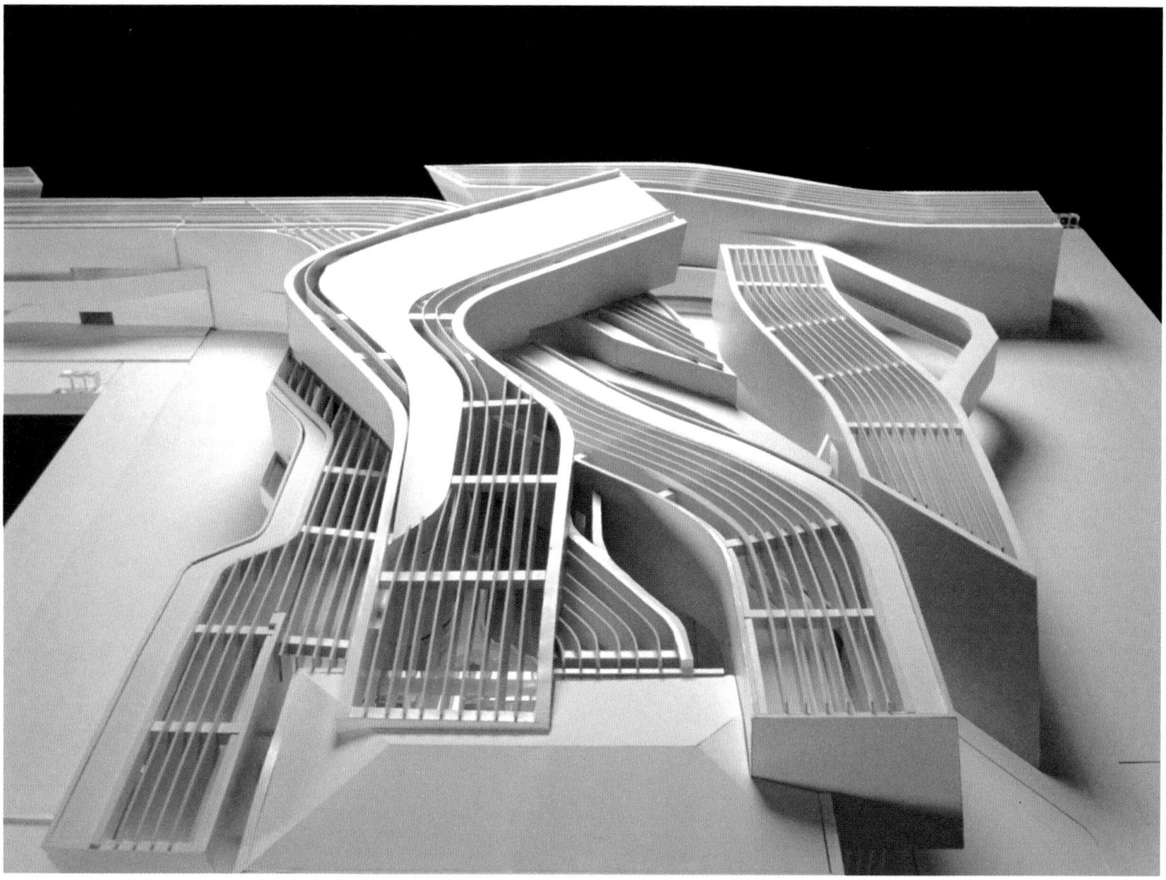

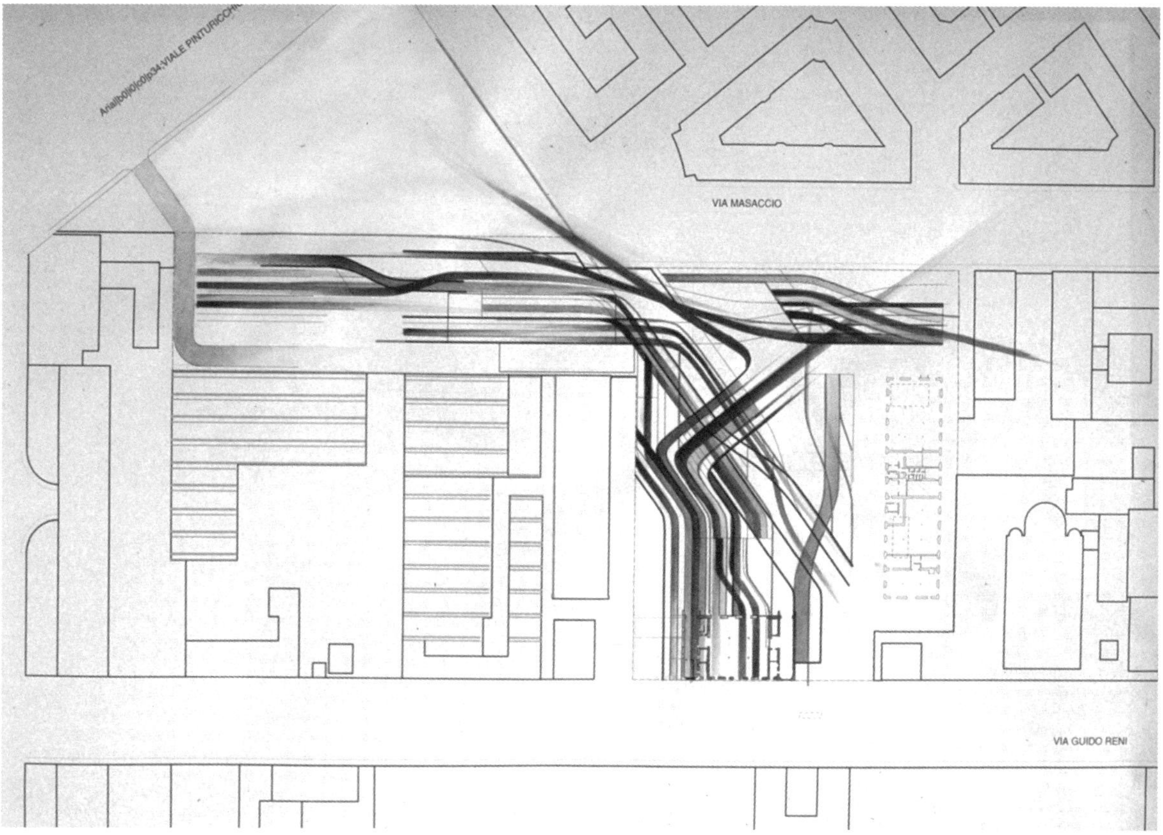

VIA MASACCIO
VIA GUIDO RENI

争议点2：
内部结构的艺术性与实用性相冲突。

从项目的建筑模型可以看出，博物馆的内部结构仿佛是一座曲折繁杂的迷宫。弯弯曲曲的走廊，让人联想到意大利面条，似乎意大利面条有多长，它就有多长。有人认为其内部布局混乱，且难以用城市规划概念理解，甚至表示几乎不可能想象在那样一个复杂的环境里，艺术品将怎样展示。

另外，项目的设计师许诺“多价密度”和“墙体的释放”，即成为天花板的墙变成了地板。针对这一极具想象力和艺术性的内部空间设计，许多人质疑它的实用性有多大。并且，有不少评论家曾质疑扎哈·哈迪德是否能够平衡其建筑的戏剧性与艺术需要的简约朴素之间的冲突。

对此，扎哈·哈迪德说：“我认为MAXXI是个能让人沉醉的现代化场所，在这里可以交流观点，延续这座城市的文化激情。它不仅是一座博物馆，更是一座现代化文化中心。另外，高密度的室内外空间相互交错叠加以及多种魅力长廊，使得博物馆的现代化场地有了流线感。”

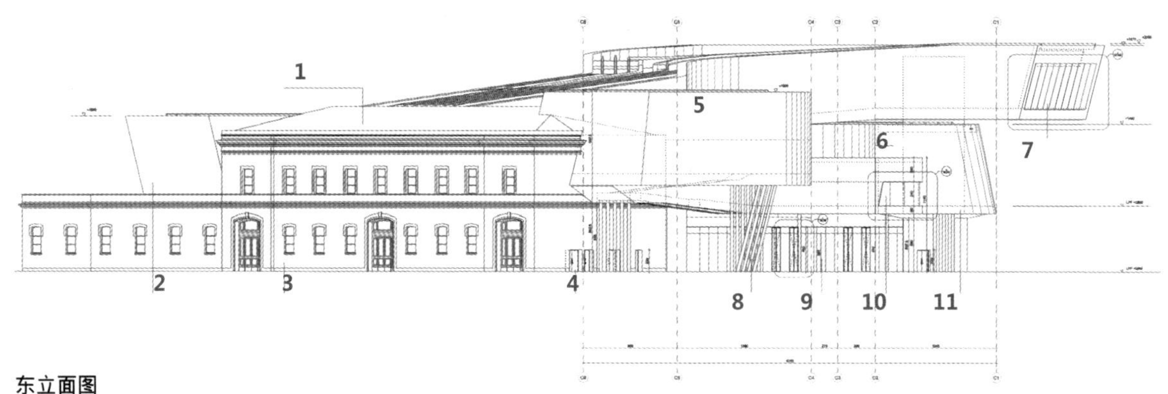

东立面图

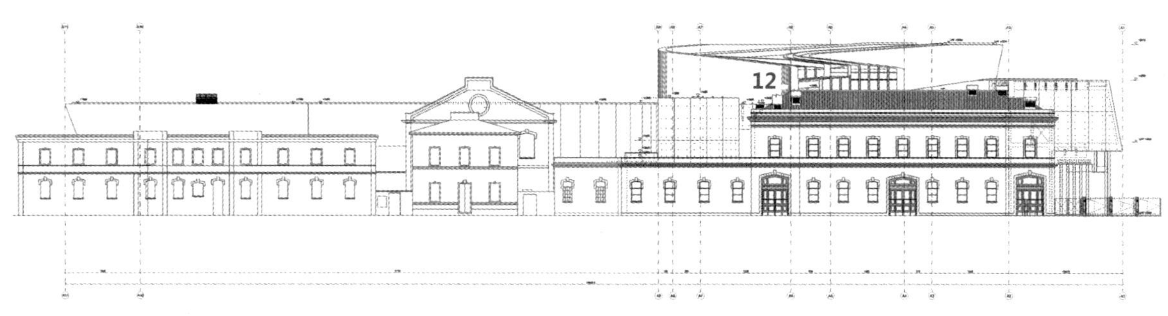

南立面图

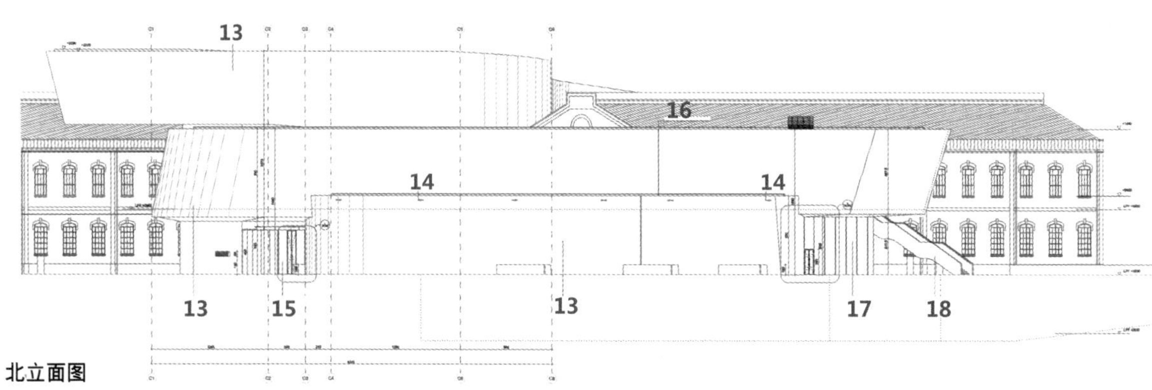

北立面图

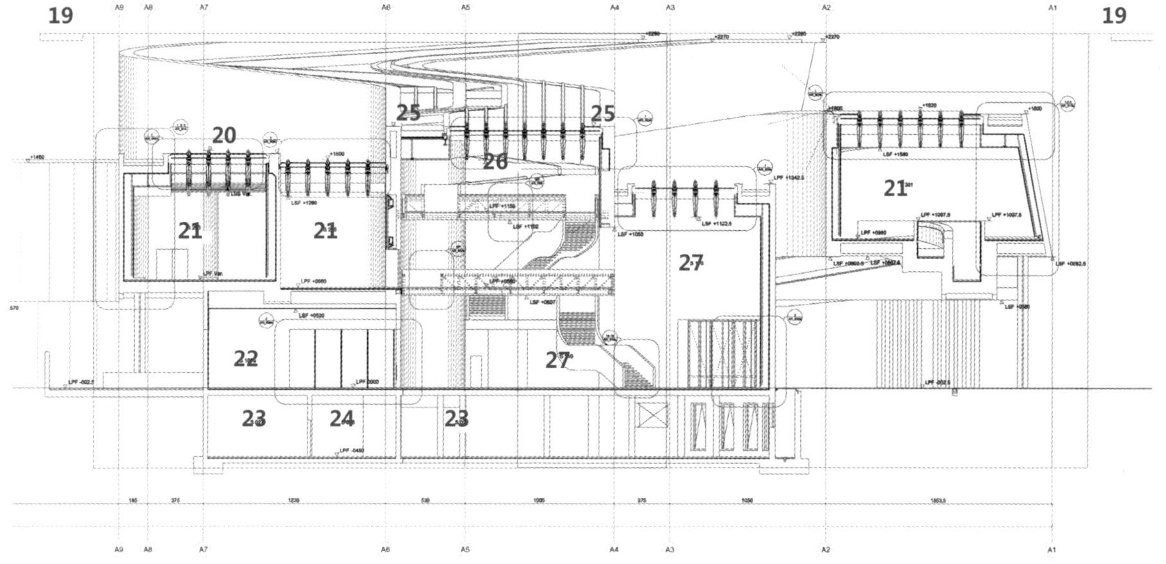

大厅剖面图

1 PER APERTUR DI VENTILAZIONE PERMANENTE VEDI ELAB. SERIE AR-280
2 FINITURA:CEMENTO ARMATO FACCIA A VISTA
3 FINITURA: INTONACO PER ESTERNI TINTEGGIATO
4 PORTE TIPO "US"
FINITURA: ACCIAIO INOX SPAZZOLATO
5 PARETE IN C.A. FACCIAVISTA
6 GIUNTO STRUTTURALE N6
7 PARETE VETRATA (TIPO 13)
8 PILASTRI IN ACCIAIO VERNICIATO
9 PARETE VETRATA (TIPO 4)
10 PARETE VETRATA (TIPO 11)
11 PARETE IN C.A. FACCIAVISTA
12 APERTURE VENTILAZIONE PERMANENTE
VANO SCALA SSI05B S>1.00mq
(rif.tav. AR-285)
13 PARETE IN C.A. FACCIAVISTA
14 TROPPO PIENO
15 PARETE VETRATA(TIPO 4)
16 GIUNTO STRUTTURALE N1
17 PARETE VETRATA(TIPO 1)
18 SCALA IN ACCIAIO VERNICIATO
19 TAVOLA 202a
20 QUOTA VARIABILE
21 ESPOSIZIONE PERMANENTE
22 DISIMPEGNO
23 IMPIANTI
24 CORRIDOLO
25 LPF VARIABILE
26 LSF VARIABILE
27 ACCOGLIENZA GENERALE

MAXXI
Muse
delle arti
del XXI secolo
MAXXI Architettura
MAXXI Arte

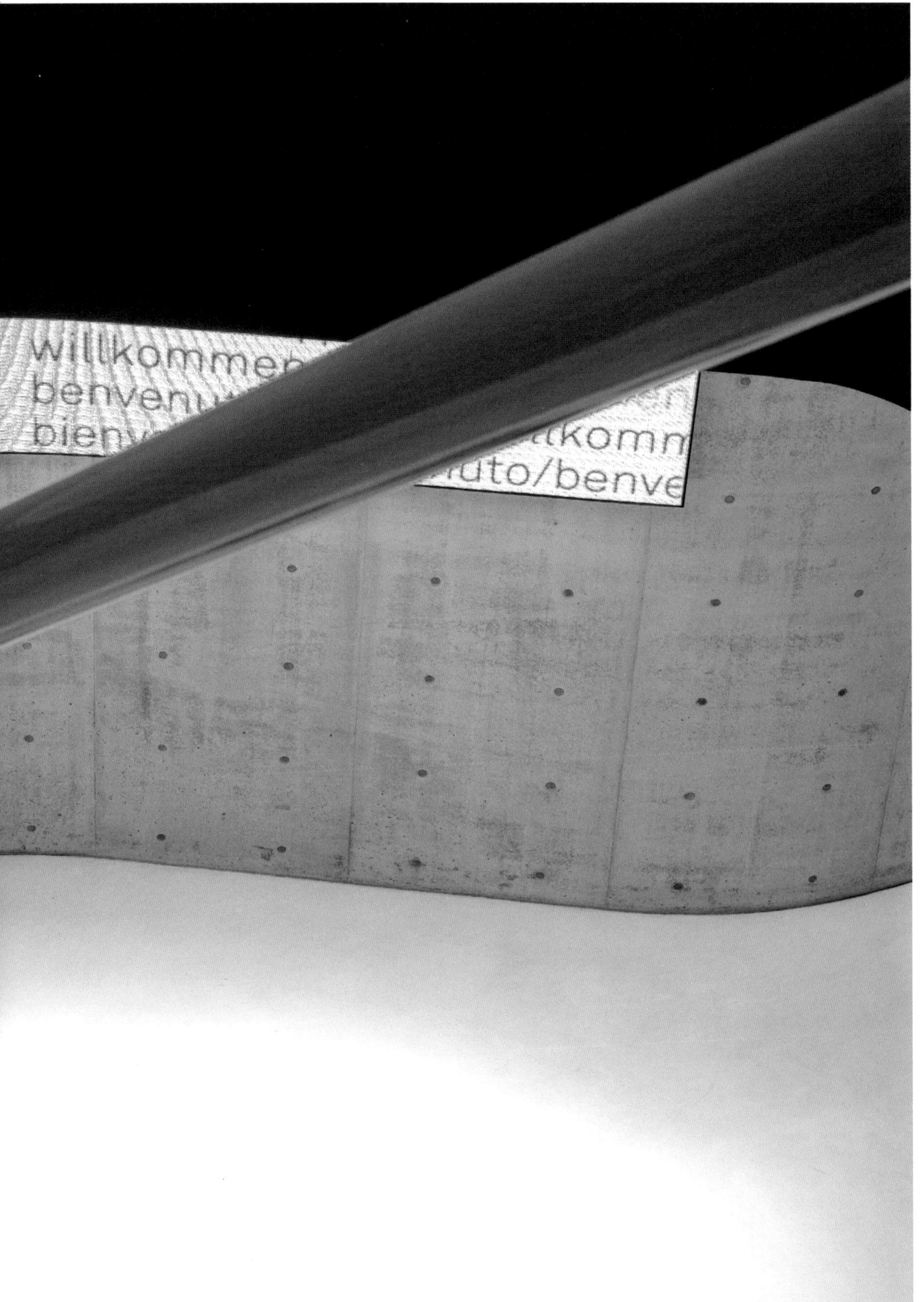
willkomme
benven
bienv
lkomm
uto/benve

其他建筑师评价　“世界建筑节”（WAF）计划主任保罗·芬奇（Paul Finch）将罗马“21世纪博物馆”称为“用连续的缎带连接的展开的古根海姆博物馆”。他说：“它将是一座在50年的建筑历史上不断被议论的建筑。”

媒体评价　《纽约时报》建筑评论家尼古拉撰文称：“乌尔邦[4]教皇复活了，我想此时他正和扎哈·哈迪德女士共进早餐，商讨下一步的计划。”

《每日电讯报》作家苏姗·马宁对扎哈·哈迪德的建筑表示更为乐观。她写道：“一方面，建筑空间让管理者有足够的自由度将艺术与建筑作品以有趣的方式摆放，也能够利用走道摆放大件作品或者移动式图画。”

《名利场》杂志马修·蒂瑙尔说：“罗马人现在非常喜欢现代艺术。扎哈·哈迪德给我们带来大师级的内部装饰空间。在MAXXI博物馆里，通过其宏伟的楼梯可以体会各个楼层有各种各样的惊喜。”

《观察家》建筑评论家Rowan Moore说：“这些作品并未如有些人预想的那样，在扎哈·哈迪德强大的建筑中显得相形见绌或销声匿迹。”

民众评价 皮奥・巴尔迪说："MAXXI是与众不同的，它不单单是用来展览艺术品的地方。它将作为一个场所，比较当代不同语言，设计、时尚、电影与广告在此与艺术、建筑展开对话。博物馆的文化使命是创新、多文化主义与多学科融合。"

MAXXI的馆长Paolo Colombo说："扎哈・哈迪德正在创造一座标志性建筑，罗马需要它，意大利需要它。我们的方向是维护保留旧有的建筑，不去损害古迹的一草一木。"

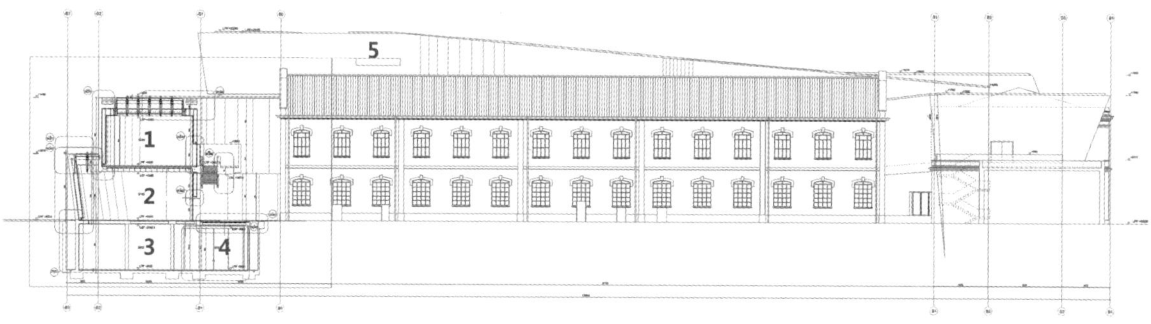

画廊剖面图1

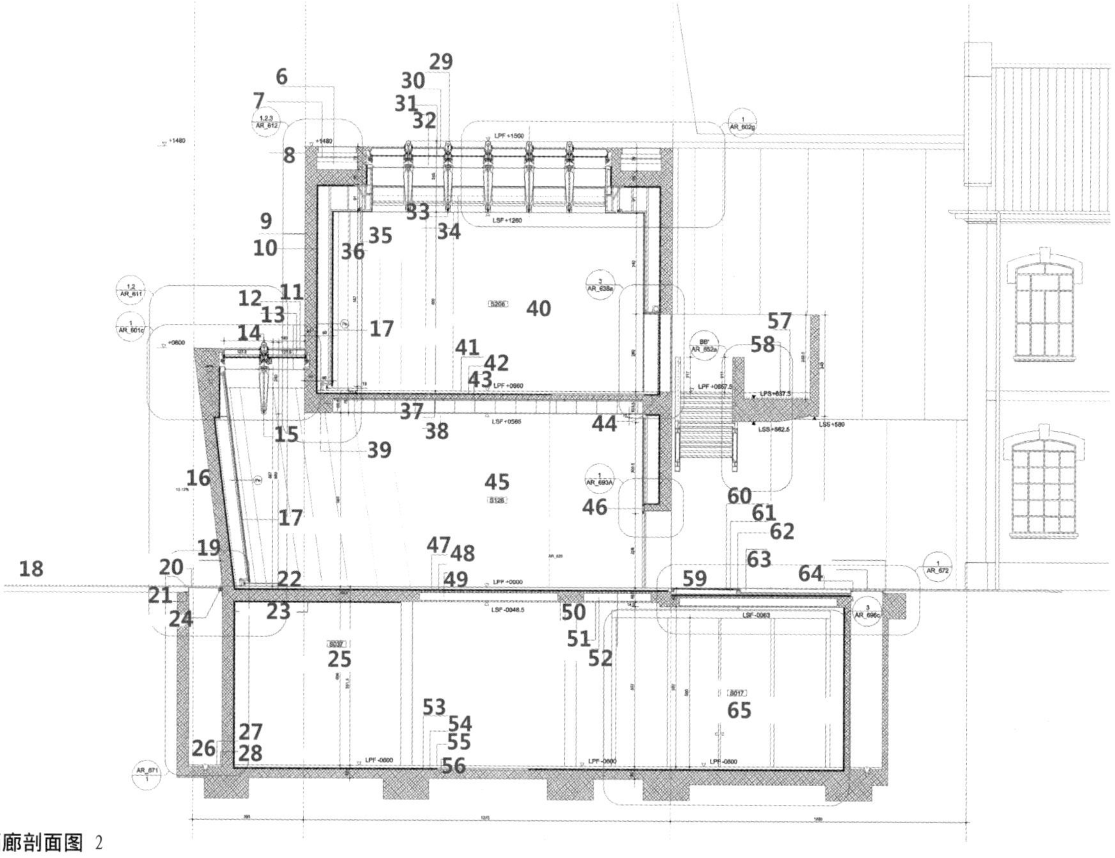

画廊剖面图 2

1 ESPOSIZIONE PERMANENTE
2 COLLEZIONE DI ARCHITETTURA
3 PARETI DIVISORIE
4 CORRIDOIO-SEZA
5 TAVOLA 236a
6 MASSETTO DI PENDENZA 2% PER DETTAGLI IMPERMEABILIZZAZIONE E DRENAGGIO ACQUE METEORICHE VEDI ELABORATI SERIE AR-603
7 FILO SUPERIORE TRAVE
8 PARAPETTO CEMENTIZIO GETTATO IN OPERA
9 PARETE CEMENTIZIA A FACCIA VISTA
10 PANNELLO ISOLANTE 50MM
11 GRIGLIA METALLICA VEDI DISEGNI SERIE AR-608
12 DOPPIO VETRO CON FILTRO UV
13 PANNELLO VETRATO APRIBILE PER ISPEZIONE E MANUTENZIONE
14 GUSCIO SUPERIORE IN GRC
15 GUSCIO INFERIORE IN GRC
16 INCLINAZIONE PARETE 13.12%
17 LASTRA DI CARTONGESSO sp.12.5mm
LASTRA DI MDF sp.25mm
LASTRA DI CARTONGESSO sp.12.5mm
18 PENDENZA PAVIMENTAZIONE EATERNA+/_1% (VEDI TAVOLE IMPLANTI CIVILI ESTERNI)
19 SISTEMA CON TUBO CATODICO LINEARE ESPOSTO PER ESTERNI
20 GRIGLIATO ELETTROPRESSATO
21 ZINCATO A CALDO PROFILO ANGOLARE SPESSORE 14MM
22 PRESA ELETTRICA A TENUTA STAGNA
23 50MM ISOLAMENTO RIGIDO
24 SISTEMA CON TUBO CATODICO LINEARE ESPOSTO PER ESTERNI
25 PARETI DIVISORIE
QUOTA -0600
SUP MQ 35.90
FINITURA PAVIMENTO PAVIMENTO INDUSTRIALE
FINITURA SOFFITTO NESSUNA FINITURA
FINITURA PARETI NESSUNA FINITURA
26 PENDENZA 2%
27 LISCIATURA IN MALTA
28 PAVIMENTO A GETTO IN CEMENTO LISCIATO SUPERIORMENTE
29 GUSCIO SUPERIORE IN GRC VEDI DISEGNI SERIE AR-607
30 GRIGLIA METALLICA VEDI DISEGNI SERIE AR-608
31 DOPPIO VETRO CON FILTRO UV
32 PANNELLO VETRATO APRIBILE PER ISPEZIONE E MANUTENZIONE
33 GUSCIO INFERIORE IN GRC VEDI DISEGNI SERIE AR-607
34 DIFFUSORE ORIENTABILE
35 LAMPADE FLUORESCENTI (1+1 D' EMERGENZA)
36 PACCHETTO FONOISOLANTE SP.20MM, 40KG/MQ
37 LAMPADA FLUORESCENTE
38 PANNELLO DIFFUSORE IN MATERIALE ACRILICO CON FILTRO UVA
39 RINGROSSO CONTINUO A SUPPORTO DEL SOLAIO (PER POSIZIONE E DIMENSIONI VEDI DISEGNI STRUTTURALI)
40 ESPOSIZIONE PERMANENTE
QUOTA +660
SUP MQ 1289.90
FINITURA PAVIMENTO CEMENTO LEVIGATO
FINITURA SOFFITTO COPERTURA VETRATA
FINITURA PARETI CONTROPARETE IN CARTONGESSO TINTEGGIATO
41 PAVIMENTO IN CEMENTO LEVIGATO VEDI TAVOLA AR-620
42 ISOLAMENTO sp.50mm
43 SOLAIO IN C.A.(vedi tavole strutturali)
44 FESSURA DI RIPRESA ARIA CONDIZIONATA
45 COLLEZIONE DI ARCHITETTURA
QUOTA +0000
SUP MQ 1146,95
FINITURA PAVIMENTO CEMENTO LEVIGATO
FINITURA SOFFITTO CARTONGESSO TINTEGGIATO / ACRILICO
FINITURA PARETI CARTONGESSO TINTEGGIATO
46 SEGNALETICA PETRO-ILLUMINATA
47 PAVIMENTO IN CEMENTO LEVIGATO VEDI TAVOLA AR-620
48 ISOLAMENTO s 50MM
49 SOLAIO IN C.A.(vedi tavole strutturali)
50 TRAVE A SPESSORE 36X90
51 SOLETTA PREFABBRICATA
52 BLOCCO DI ALLEGGERIMENTO IN POLISTIROLO
53 SOLAIO IN C.A.GETTATO IN OPERA CON SUPERFICIE LUCIDATA A MACCHINA
54 ISOLAMENTO IN VETRO CELLULARE
55 PAVIMENTO IN CALCESTRUZZO CON MANTO DI USURA E RETE ELETTROSALDATA 8 15X15
56 CLS CLASSE Rck 400
57 FINITURA SUPERFICIALE IN CEMENTO LISCIATO
58 MASSETTO PENDENZA 2%
59 PENDENZA 1%
60 GHIAIA FINE DI FIUME SCIOLTA (SPESSORE 6CM DIAMETRO 4/6CM)
61 MASSETTO DELLE PENDENZE IN CLS
62 CANALE DI RACCOLTA ACQUE METEORICHE
63 PAVIMENTO IN CALCESTRUZZO LISCIATO TAPPETO DI USURA
64 GRIGLIATO ELETTROPRESSATO ZINCATO A CALDO PROFILO ANGOLARE SPESSORE 14MM
65 CORRIDOIO-SEZ.A
QUOTA -0600
SUP MQ 246.60
FINITURA PAVIMENTO PAVIMENTO INDUSTRIALE
FINITURA SOFFITTO CLS FACCIAVISTA
FINITURA PARETI INTONACO CIVILE / ISOLAMENTO "A CAPPOTTO"

博物馆的设计非常具有现代感，馆内的空间很流畅，黑白色调的室内装饰显得格外大气。室内流畅的线条设计使这个具有现代感的“庞然大物”富有了生机，消除了现代材料的那种冷冰冰的感觉。空间的格局也很舒服，在建筑中，设计师融入了玻璃屋顶和大面积的玻璃窗，让空间更通畅明亮。

设计宗旨——城市文化中心 项目的主要宗旨是建造一个艺术品展览中心。博物馆包含两个分馆，分别是艺术分馆和建筑分馆。馆内还配备各种研究设施，包括礼堂、图书馆、媒体图书馆、研究室、实验室、书店，咖啡馆以及生活和商务活动空间。因此，扎哈·哈迪德按照一个城市文化中心和一个艺术院校的设想来设计本案。

扎哈·哈迪德说：“我把MAXXI视作理念交流和文化多样的巨大城市环境。”她强调这个博物馆不应当是一个容器，而应该是一个“艺术殿堂”。

设计策略——多线条交汇 项目设计旨在创造一个可以让参观者沉浸其中，且充满城市气息的空间，而不是一个单一的物体。本案设计正是为促进一个以个体对象为导向的艺术空间的诞生。

然而从个体对象到空间的转变，关键在于真正理解建筑与它将展出的艺术作品，两者之间的关系。另外，结合L形基地特征，项目改造自横向分布，建筑的几何布局与城市网格结构位于同一直线。经过多次研究，设计师最终采取多线条交汇的设计策略，并且这种策略直接体现在项目的室内外联系上。

通过采用若干彼此交织的建筑体量围合起基地前部已有的旧兵营，并使其成为设计的一部分。其侧面由简洁厚实的表面所覆盖，展示出了建筑的灵活性和共生性。平滑的弧墙面与周边新古典主义的城市建筑风格形成了良好对话。博物馆很好地契合于基地的城市肌理中，沿着建筑控制线，从一端到另一端形成一个全景视域。

扎哈·哈迪德将其称为“城市化嫁接”：MAXXI在高度上与周边地区的低层建筑保持了一致，使其能与场地紧密结合，但同时，又以其庞大的体量和独特的结构呈现出新的建筑特征。

设计特色——流线型室内空间 整个室内设计在新与旧、内部与外部之间构成了一种张力，而室内室外之间的关联性将博物馆与罗马的城市脉络连接在了一起。

尽管该建筑的功能清晰，在平面上组织合理，但寻求空间的灵活使用性仍是该设计的主要目标。空间的连续性设计避开了大量的墙体划分和干扰，为建筑内的多样动线和临时展示提供了良好场所。

进入博物馆的中庭，混凝土弧形墙、悬浮的黑色楼梯和采纳自然光线的开敞天花板，这些建筑的主要元素立刻映入眼帘。借助这些元素，扎哈・哈迪德力求创造出多视点和分散几何体的新型空间流动性，以此来象征现代生活的纷杂动感。

楼梯和坡道的设置增加了空间的动感，尤其是在博物馆的门厅，彼此交织的多层空间和黑色的楼梯、半透明的连桥一起创造出了充满表现力的空间。建筑的顶棚上没有任何设备，从而强调出贯穿整个建筑长度的带状天窗，玻璃纤维混凝土制成的竖肋充满了造型意味，同时还可以被用于悬挂艺术作品，也可作为隔墙。自然光线得到了格外的关注，光线穿过玻璃覆盖着的、有过滤系统的天花板下面的纤细混凝土梁间空隙射入室内。这些混凝土梁下部有钢轨，艺术品可以悬挂其下。

梁、楼梯和线性照明系统指引观众沿着室内的路线参观，不同的展示空间如同桥梁一般彼此交织叠合，空间序列最终在最高点结束于一个大展厅，这里有一座巨大的景观窗口面向周围的景观和未来博物馆二期的扩建基地，为人们提供了回望城市的视野。

1 园林景观
2 入口大厅
3 接待处
4 临时展厅
5 书画展区
6 展览一室
7 礼堂
8 商店
9 咖啡吧

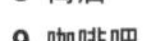

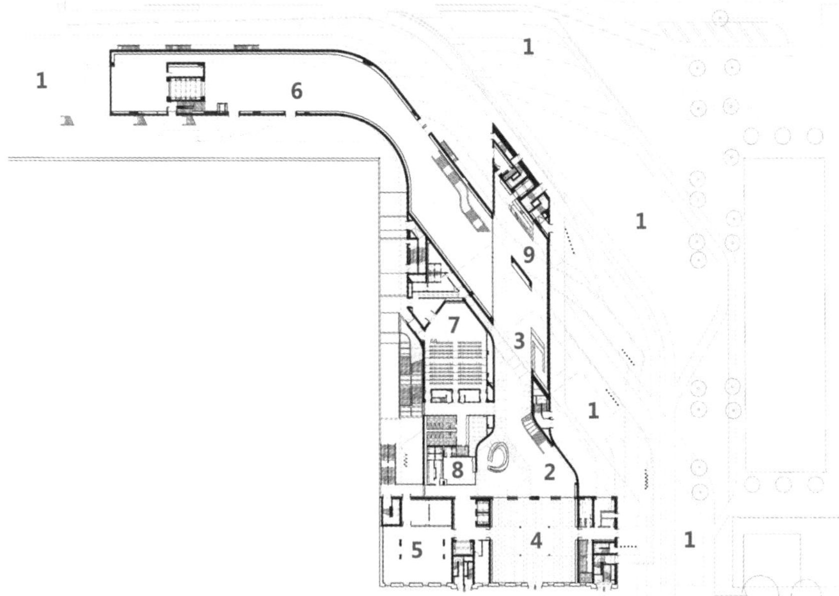

一层平面图

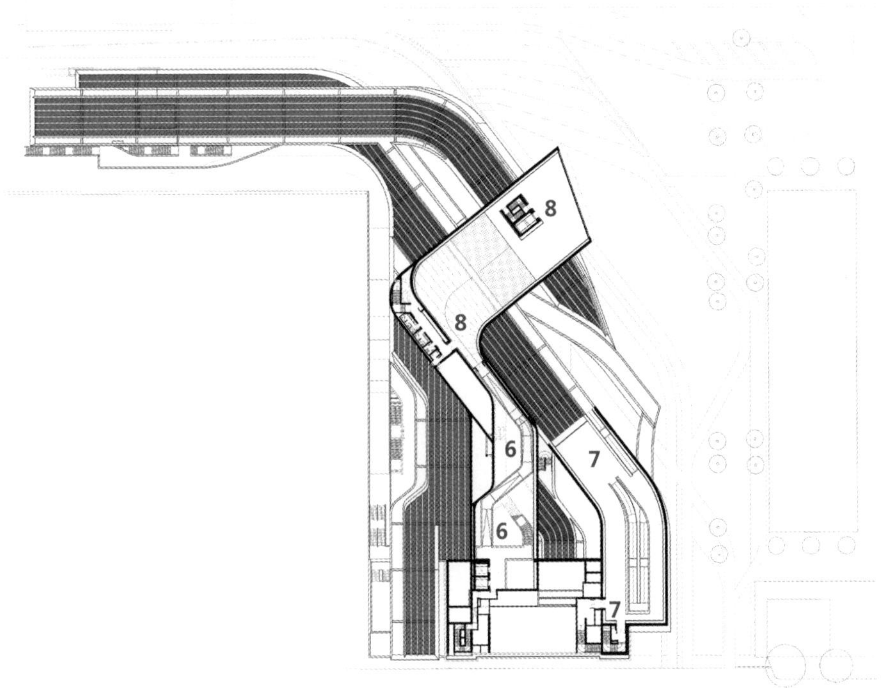

三层平面图

1 入口大堂
2 展览二室
3 展览三室
4 展览四室
5 礼堂
6 入口大厅
7 展览三室
8 展览五室

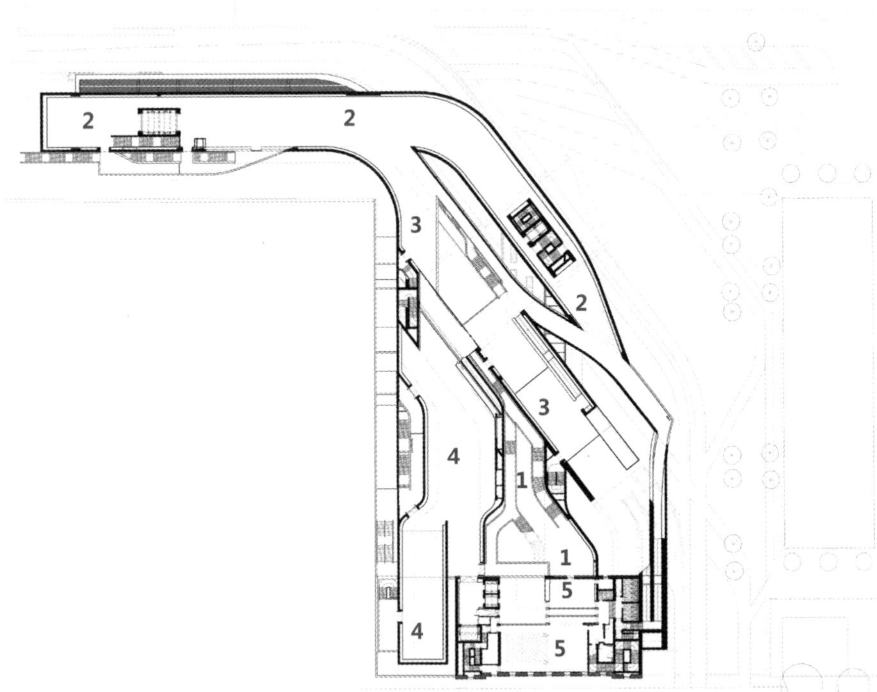

二层平面图

1 RETE ELETTROSALDATA ZINCATA
PASSO 5d:4mm
ANTIFESSURAZIONE SUL COLMO
DELLA PARETE

2 LSS GOCCIOLATOIO + 1484

3 LSS COLMO + 1487

4 LSS INTRADOSSO GOCCIOLATOIO + 1466

5 SIGILLATURA

6 PANNELLO COIBENTE PER FISSAGGIO INFISSO

7 VARIABILE

8 VETROCAMERA DELLO SPESSORE TOTALE DI MM 35
COMPOSTO DA UNA LASTRA
ESTERNA CHIUSA DA 8 MM

9 TEMPERATA DI TIPO
MAGNETRONICO, DA
UN' INTERCAPEDINE DI MM 15E DA
UNO STRATIFICATO INTERNO
CHIARO DA 5+5 CON INTERPOSTO
UN FOGLIO DI PVB DA 0,76MM

10 ARGANELLO MODIFICATO GEIGER
409F5 PER MOVIMENTAZIONE
VETRO INFERIORE

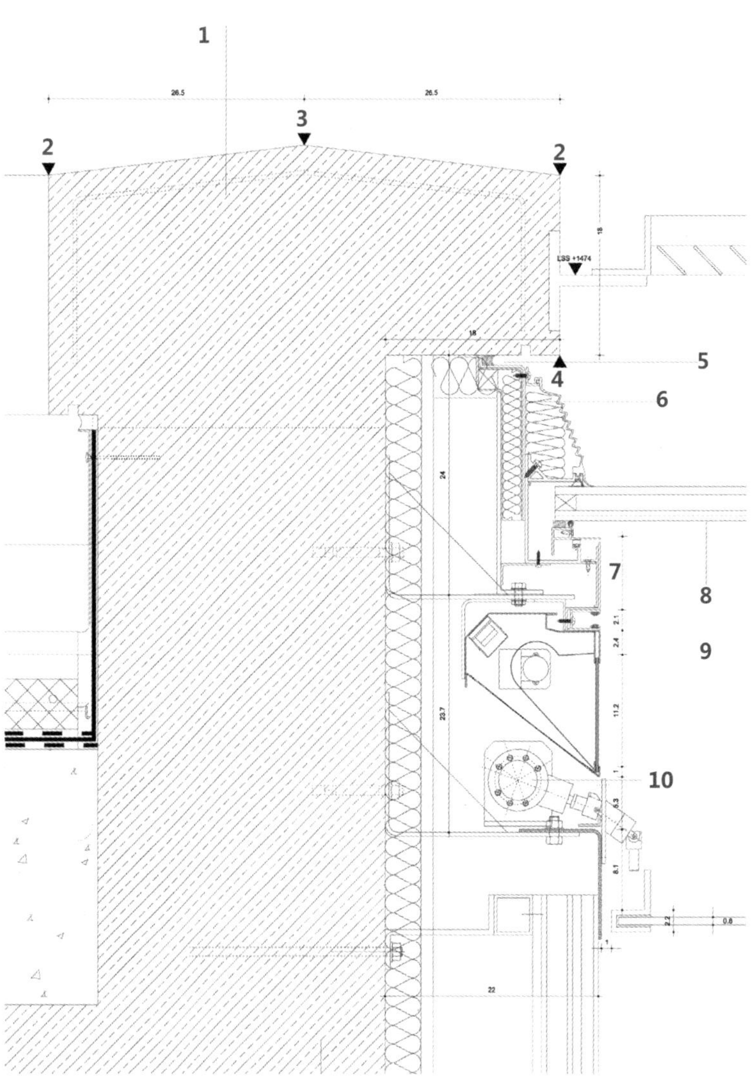

屋顶细部图

11 TUBOLARE IN ACCIAIO ZINCATO VERNICIATO, PER AGGANCI DI SICUREZZA E BLOCCAGGIO APERTURA GRIGLIATI

12 PIATTO IN ACCIAIO SALDATO PER FISSAGGIO CERNIERA GRIGLIE E ELEMENTO TUBOLARE

13 SISTEMA PER LAVAGGIO AUTOMATICO DELLE SPECCHIATURE VETRATE COMPOSTO DA CIRCUTO DI TUBAZIONE CON UGELLI REGOLABILI; FISSAGGIO OGNI 2,40M (PER SCHEMA DI DISTRIBUZIONE E POSIZIONE UGELLI VEDERE ELABORATO IMPIANTISTICO II-104-RO)(FISSAGGIO OGNI 240cm)

14 INFISSO IN ALLUMINIO CON REGOLAZIONE DELLE PENDENZE

15 GUIDA PER TENDA FILTRANTE

16 SISTEMA DI ILLUMINAZIONE LINEARE A FLUORESCENZA AL TRIFOSFORO

17 DIFFUSORE OPALINO IN MATERIALE ACRILICO CON FILTRO UVA, SPESS.6mm, 50% DI TRASMISSIONE

18 FORATURE PER PASSAGGIO ARIA PLENUM DIAMETRO 9 CM-INTERASSE 18CM

19 PROFILO IN ACCIAIO PRESSOPIEGATO

20 GUAINA IMPERMEABILIZZANTE IN PVC

21 PIATTO SAGOMATO A 'H' PER APPOGGIO GUAINA

22 PROFILO A 'C' SALDATO AL MONTANTE DELLA TRAVE PER FISSAGGIO PROFILO CONTINUO A OMEGA

23 GUSCIO IN GRC SP=cm 1,2 (VEDI TAV.AR-607e)

24 GRIGLIA-DIFFUSORE ESTERNA IN ACCIAIO ZINCATO VERNICIATO (PER TIPOLOGIE GRIGLIATI VEDI TAVOLA AR-608)

25 PROFILO A 'L' SALDATO AL PROFILO A OMEGA PER FISSAGGIO GRIGLIA

26 PROFILO A OMEGA CONTINUO

27 GUARNIZIONE A SOFFIETTO

28 PATTINO IN ACCIAIO INOX

29 VETROCAMERA DELLO SPESSORE TOTALE DI MM 35 COMPOSTO DA UNA LASTRA ESTERNA CHIUSA DA 8 MM TEMPERATA DI TIPO MAGNETRONICO, DA UN' INTERCAPEDINE DI MM 15E DA UNO STRATIFICATO INTERNO CHIARO DA 5+5 CON INTERPOSTO UN FOGLIO DI PVB ANTI-UV DA 1,52 MM

30 ARGANELLO MODIFICATO GEIGER 409F5 PER MOVIMENTAZIONE VETRO INFERIORE

31 GIUNTO MODIFICATO GEIGER 816F16

32 SPECCHIATURA APRIBILE FORMATA DA 4 ANTE DI VETRO TEMPRATO CON MODULO 60 CM, TENUTE INSIEME DA INFISSI CONTINUI IN ACCIAIO INOSSIDABILE, COLORATI A CALDO, CON CONNESSURE APERTE PER LA RIPRESA DELL 'ARIA, INCERNIRATE SU UN LATO E BLOCCATE SULL' ALTRO MEDIANTE CAVO COLLEGATO AD ARGANELLO, MOVIMENTATO DA PERNO DI TRASMISSIONE

33 TRAVE RETICOLARE IN ACCIAIO CON TRATTAMENTO ANTINCENDIO RE145 IN VERNICE INTUMESCENTE

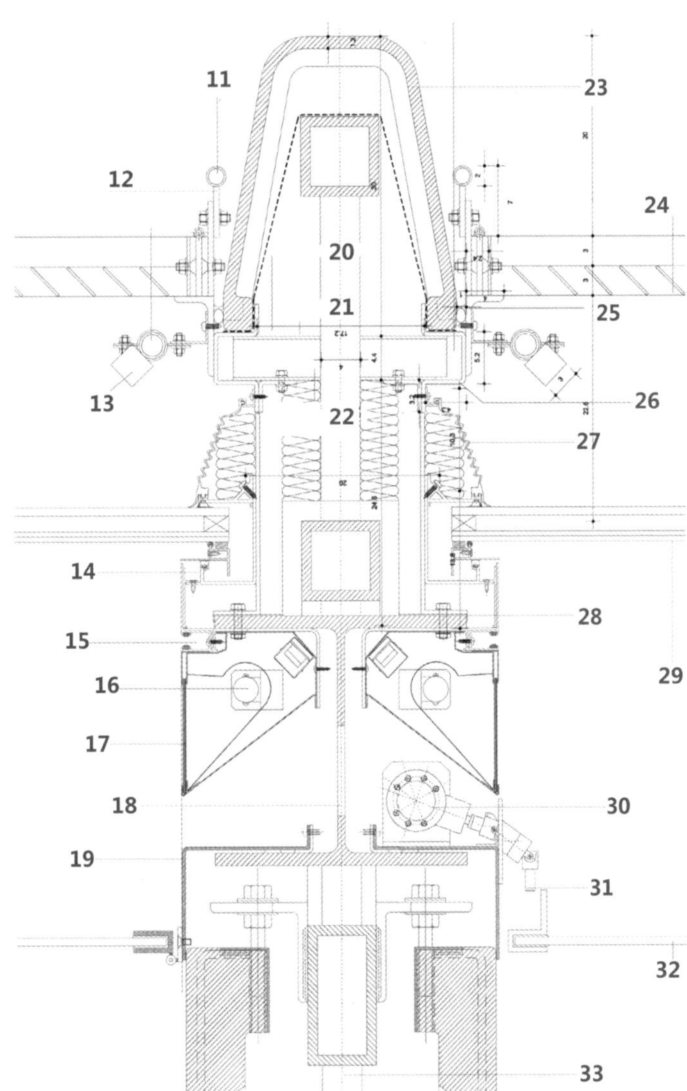

屋顶细部图

1 GUSCIO SUPERIORE IN GRC S=12MM (VEDI TAV.AR-607e)
2 GRIGLIA-DIFFUSORE ESTERNA IN ACCIAIO ZINCATO VERNICIATO S=60MM (PER TIPOLOGIA GRIGLIA VEDI TAV.AR-608)
3 VETROCAMERA SUPERIORE AD ALTE PRESTAZIONI S=35mm
4 GUSCIO INFERIORE IN GRC S=12MM(VEDI TAV.AR-607)
5 MONTANTE E CORRENTE STRUTTURALI IN ACCIAIO
6 RACCORDO A PARETE CAPPA IN CLS.5CM
7 MANTO IMPERMEABILE SINTETICO CON STRATO DI SCORRIMENTO E PROTEZIONE
8 MASSETTO DELLE PENDENZE LISCIATO
9 TUBO LAVAGGIO VETRI
10 CORRENTE SUPERIORE 80x80x10
11 CORRENTE INFERIORE 80X80X10
12 PROFILO HEA 260
13 PIASTRA DI APPOGGIO APPOGGIO PROFILO HEA IN C.A.
14 CAMINI PER AREAZIONE PERMANENTE VANO MONTACARICHI 45X150
15 GRIGLIA ANTIPIOGGIA
16 TUBO LAVAGGIO VETRI
17 VANO MONTACARICHI
18 FILO SUPERIORE TESTATA MINIMA DI 6,50m DEL MONTACARICHI M1
19 SPAZIO DISPONIBILE PER TRAVI DI SOLLEVAMENTO MATERIALI M1; PORTATA 5000kg

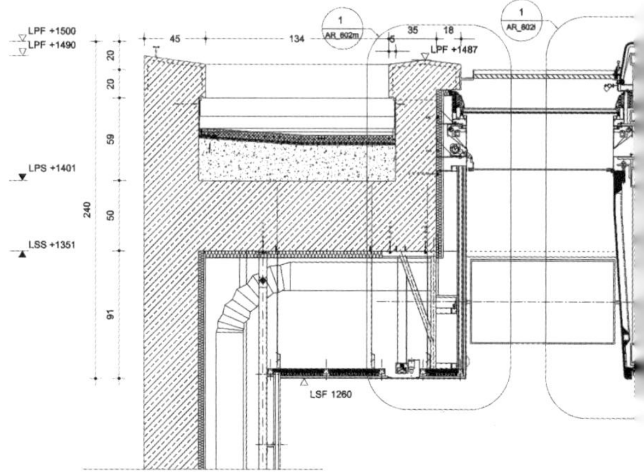

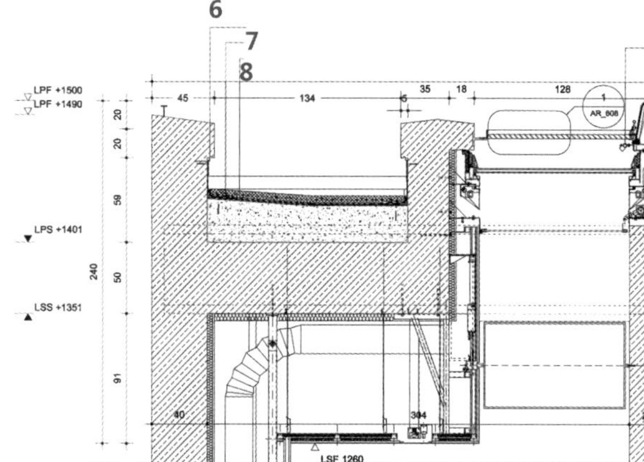

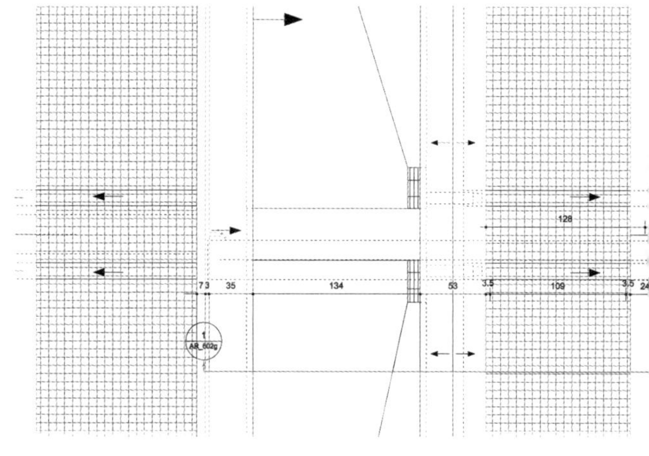

屋顶细部图

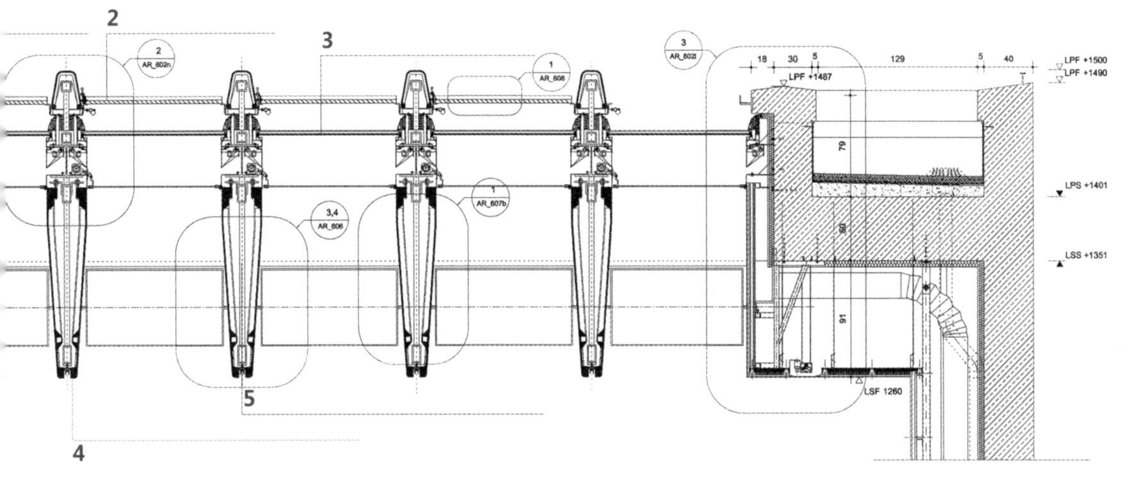
2
3
4
5
AR_602n
AR_608
AR_606
AR_607b
AR_602l
LPF +1500
LPF +1490
LPF +1487
LPS +1401
LSS +1351
LSF 1260

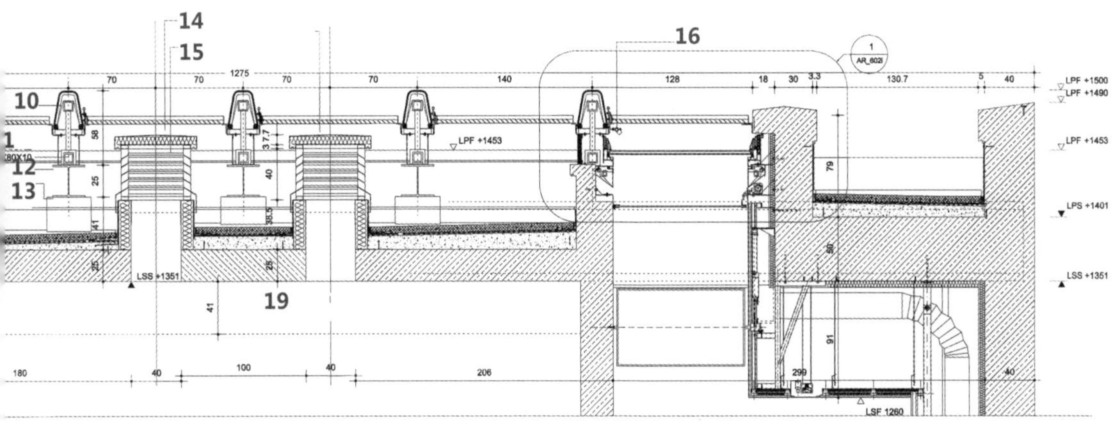
10
12
13
14
15
16
19
AR_602l
LPF +1500
LPF +1490
LPF +1453
LPS +1401
LSS +1351
LSF 1260

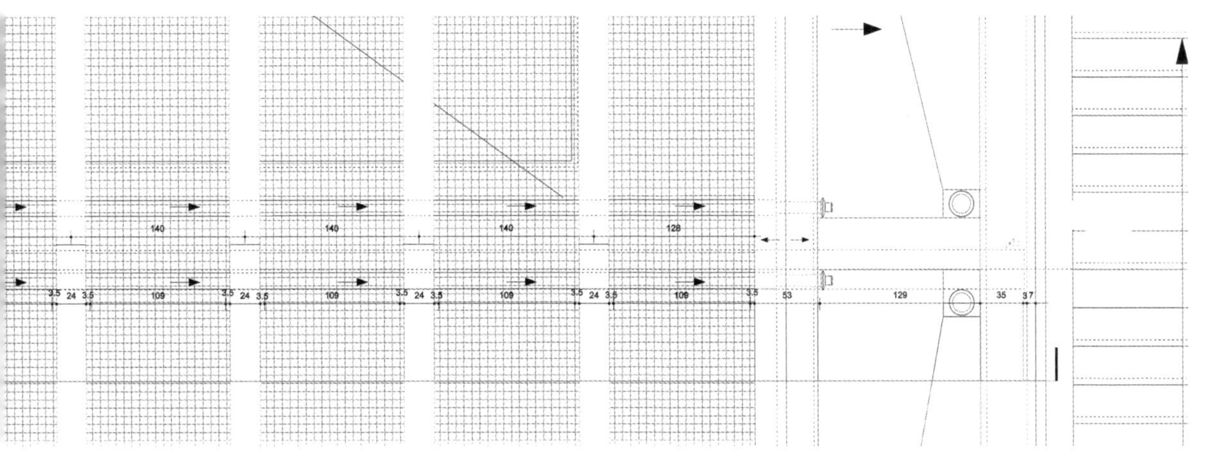

设计亮点——多功能展示墙 与传统博物馆里的墙不同，此次设计师提出了一种批判性的设想，墙壁成了展现展区效果的多功能引擎，如固体墙壁、投影屏幕、帆布、面向城市的窗口以及主要空间的展示墙都是展示的设施。墙壁穿过空间及其交汇处，分出项目内外空间。

后期运营 2010年，博物馆正式对外开放。到目前为止，博物馆共收藏永久性现代艺术作品350多件和75 000份建筑图纸。

展品主要是罗马内外出土的共和时代和帝国时代的珍贵雕塑作品，包括埃斯奎利诺山发现的奥古斯都像，都是古代艺术的世界级珍品。其他展品还有按照执政者分类陈列的恺撒、庞培、安东尼、尼禄时代的古罗马硬币。

另外，由于1100万欧元的财政预算赤字，博物馆前馆长Pio Baldi抱怨政府财政资金的锐减（2012年，公共资金从2010年的700万欧元骤减到了200万欧元）。对此，政府任命的新专员Antonia Pasqua Recchia则表示，之前用做博物馆运营的专项政府补助资金如今被认为是“多余的”，因为他们的本意是对机构进行基础扶持，但自2012年开始，基金会有意依赖常规资金。

英国伦敦奥运会水上运动中心

编辑观点：虽然项目存在着创新屋顶设计与建筑质量两方面的争议，但毫无疑问，项目落成竣工对英国建筑业以及公共服务来说是个巨大的成功。一方面项目成为了解伦敦奥运一个极佳的窗口；另一方面在奥运后，项目将成为伦敦不可或缺的游泳设施，并在中心区域配上社区服务功能，此举诠释了伦敦申奥的精神——奥运应带来持久变化并鼓励大家参与运动。

london aquatics centre

奖项

2010年，钢结构设计大奖

设计师: 扎哈·哈迪德 **建筑设计**: 扎哈·哈迪德建筑事务所 **结构工程**: Ove Arup & Partners (伦敦，纽卡斯尔)

业主: 伦敦奥运交付委员会 **承建商**: Main Contractor: Balfour Beatty (英国)

项目地点: 英国伦敦奥林匹克公园东南角 **占地面积**: 1 300.64平方米 **建筑面积**: 36 875平方米

工程造价: 2.69亿英镑 **开工时间**: 2008年7月17日 **建成时间**: 2011年7月27日

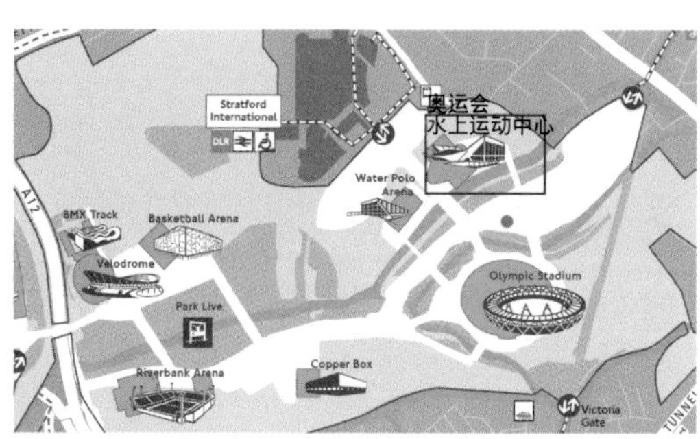

项目定位 水上运动中心是2012年夏季奥林匹克运动会的主要场馆之一，内部包括一个50米长的泳池、一个25米长的跳水池、一个50米长的热身泳池以及专门为跳水运动员设置的热身区。在2012年伦敦奥运会期间，游泳、跳水、花样游泳、残奥会游泳等比赛项目在这里举行。

区域位置 项目位于英国伦敦东部的奥林匹克公园东南角，即整个奥林匹克公园的入口处，且邻近斯特拉特福德区。

一条新落成的人行道，通过东西走向的斯特拉特福桥，连通奥林匹克公园并穿过项目中心。另外还有几条小型的人行天桥以连接位于沟渠两侧的奥林匹克公园与水上中心。

伦敦城市文化特色 伦敦是英国的首都、欧洲第一大城及第一大港，为欧洲最大的都会区和世界四大世界级城市之一。

它是一个充满多元文化的大都市，伦敦的居民是世界各国民族的大融合，这里有来自世界各地的人们，所以伦敦特色文化中就会融入多元的种族文化、宗教文化以及各种生活文化。与此同时，伦敦的旅游资源非常丰富，悠久的历史和辉煌的近代史让伦敦成为世界级的旅游胜地，拥有众多的名胜古迹如白金汉宫以及著名的博物馆如大英博物馆等。

另外，三次奥运会的举办让伦敦特色文化中又增添了一个重要的特色，即体育文化。

前期沟通——环保、节能且有实际功效 在项目设计之初，伦敦奥运管理委员会表示，伦敦乃至英国要通过此次奥运会给城市一个新的复兴，要让伦敦市民得到实惠。水上运动中心的规划设计将注重文化内涵，突出城市的文化气质。因此，其设计要以“遗产”为题，即项目的建造目的不仅是针对奥运比赛，在赛后也可发挥其自身的作用，从而具有长期的使用价值。这就要求，项目的最终设计结果是一个环保、节能且有实际功效的建筑。

伦敦Arup集团建筑设计师及项目主任表示，2004年末，伦敦女建筑师、普利兹克建筑奖获得者扎哈·哈迪德设计的水上运动中心方案中标。她最初的设想是将所有的座位都置于一个永久性的屋檐下，待奥运会结束后拆除座位，将建筑物较长一边外墙内缩，满足后奥运时代的要求。

因此，在最初的设计方案中，扎哈·哈迪德只设计了一片“波浪”，考虑到原有场馆的固定座位不够，于是又给它添上一对“翅膀”，她在场馆两侧加建了两个新的体块，并利用自然光线为两侧座位制造了阴影，使位于中心看台位置的观众看不到两翼，从而将注意力集中到泳池上。

另外，据BBC等英国媒体报道，水上运动中心在修建时，居然发现四具3 000多年前的人体骨骼。经当地的考古学家研究，项目原址在3 000多年前是一条畅流无阻的大河。除了发现四具人体骨骼，还发现了石器时代的烹饪工具、古代的硬币和河流堤坝痕迹等，甚至还有第二次世界大战时期的大炮和一艘19世纪的狩猎古船。

这些文物被发现后很快在伦敦引起新的争议，有些人认为，应该停止这一地区的场馆建设，将这里变成一个考古挖掘场。据说当时包括伦敦奥组委在内的相关单位多次开会商讨此事，最终决定奥运场馆仍按计划进行，但暂停了一段时间工期，给考古工作者更多的时间进行挖掘。

伦敦奥运会水上运动中心一问世便备受瞩目。项目一度被认为是2012年伦敦奥运会所有比赛场馆皇冠上的明珠，其最大特色为拥有160米长的波浪形屋顶，宛如在海底游动的鳐鱼。

作为2012年伦敦奥运会比赛场馆之一，伦敦奥组委官员，曾将水上运动中心称为伦敦奥运会的标志性建筑。然而，这个2012年伦敦奥运会首屈一指的明星工程，第一个开始兴建却是最后一个完工，其诞生过程遭遇了重重困难，建筑师本人也受到了一系列质疑。

争议点1：一味强调创新设计，却导致部分区域出现视觉障碍。

项目由著名建筑师扎哈·哈迪德设计，为了实现其“漂浮在观众之上的海洋生物”的设计理念，水上运动中心上部覆盖一个跨度为160米，最宽处达90米的复合钢屋顶，由3个实心混凝土柱子来支撑起重达3 000吨的屋顶结构。

遗憾的是，由于水上运动中心的屋顶存在曲度和框架遮挡，最终导致每场600名观众的视觉障碍，无法看见跳水台的跳板。因此而包括奥运会和残奥会在内的共有4 800名已购票观众，只能看见跳水运动员入水的一刹那，根本看不到整个比赛的过程。

一个奥运场馆为何会犯下如此低级的错误？据了解，水上运动中心10米跳台场地原本的设计要求是5 000个无视线遮挡席位，后因售票原因增加了临时看台，现在共有超过8 000个无视线遮挡席位，而这600个被遮挡的座位正是位于这些临时看台中。

“伦敦碗[5]”设计方Populous发表看法说：“扎哈·哈迪德的设计团队应该是采用了2D观赛视线效果研究。如果他们采用3D视线研究，应该能避免这种遮挡观众席的问题发生。”

扎哈·哈迪德建筑事务所则坚持自己的设计没有问题。其发言人表示：“我们的场馆从观赛视觉效果到座椅分布方式，在两年前就已经通过了专家和伦敦奥组委的验收，完全符合当初的设计要求，因此我们不能为后来产生的问题负责。”最终，伦敦奥组委在无奈之下只能采取了退票、加建大屏幕直播等方式为这一问题场馆买单。

争议点2：
工程造价高，而建筑质量却不尽如人意。

扎哈·哈迪德的设计一向以大手笔著称，最初方案的屋顶是现在的3倍大，伦敦向国际奥委会上报的7500万英镑预算根本无法满足。最后她不得不将原先的屋顶大幅缩小，整个场馆占地面积也从原先的3251.61平方米减小到1300.64平方米。

即便如此，水上运动中心的最终建设成本仍高达2.69亿英镑，是最初预算的3倍多，以这个价格几乎可以造3座“水立方[6]”，花2亿多英镑修个游泳池到底值不值？几年来英国媒体和伦敦市民对此一直争论不休。

对此，扎哈·哈迪德的解释是：“最初公布的7500万英磅仅仅是施工的预算，不包括购买地皮的费用、清理费用、意外事件的赔偿金，甚至没算上通货膨胀。关于这件事主办方应该跟公众解释得更清楚一些。”

然而，面对高昂的工程造价，水上运动中心在残奥会结束仅两个月后，其外墙面已开始出现较大面积脱漆，屋顶也开始出现疑似渗漏的现象，这不得不让人怀疑其建筑质量。英国媒体嘲讽道：“谢天谢地没在奥运会的时候丢脸！”

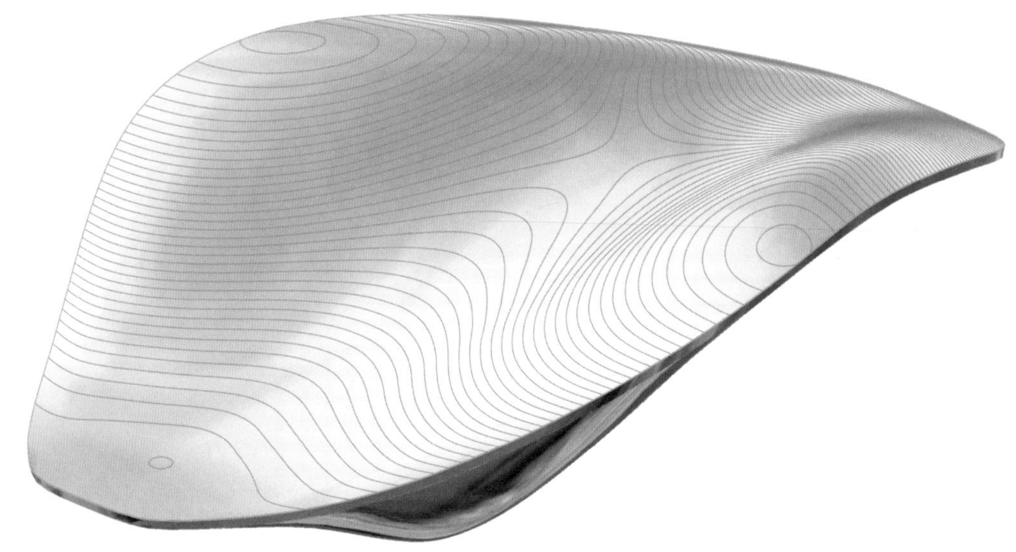

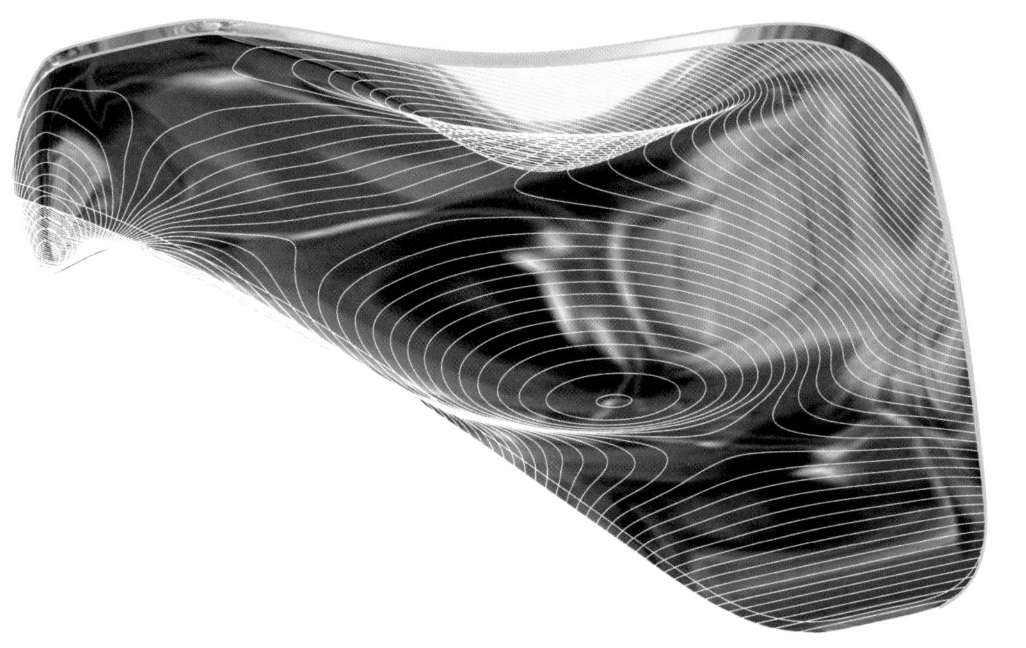

其他建筑师评价　参与了该场馆设计的英国游泳协会主席戴维·斯帕克斯认为水上运动中心的设计“是惊人的”。

媒体评价　《欧洲体育》表示：“水上运动中心为英国人营造主场氛围提供了绝佳的条件，因为场内空间小，助威声会更清晰，有时仅仅是几个人在鼓掌，但听起来却是掌声雷动。”

《每日电讯报》称：“水上运动中心算不上壮观，但也颇具巧思，其独特的双波屋顶是模拟蝶泳者的背部轮廓，内部则模拟了仰泳运动员的水下打腿。”

民众评价　国际奥委会主席雅克·罗格说：“一生中我见过非常多的比赛场馆。但是步入伦敦水上运动中心，却让我眼前一亮。一切都太棒了，无论是结构协调性、场馆品质，还是设计上的创新都堪称出色。这真的是一件大师级作品！”

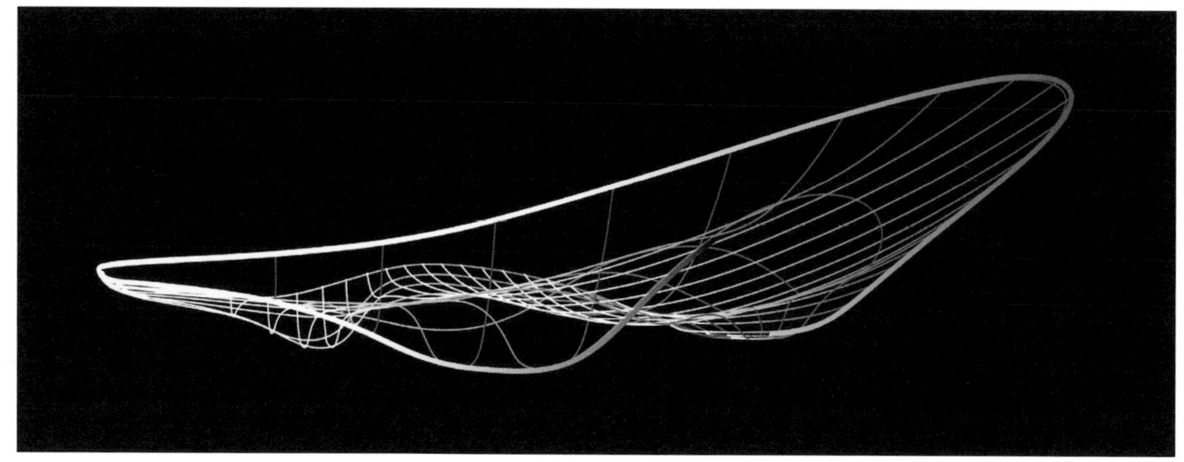

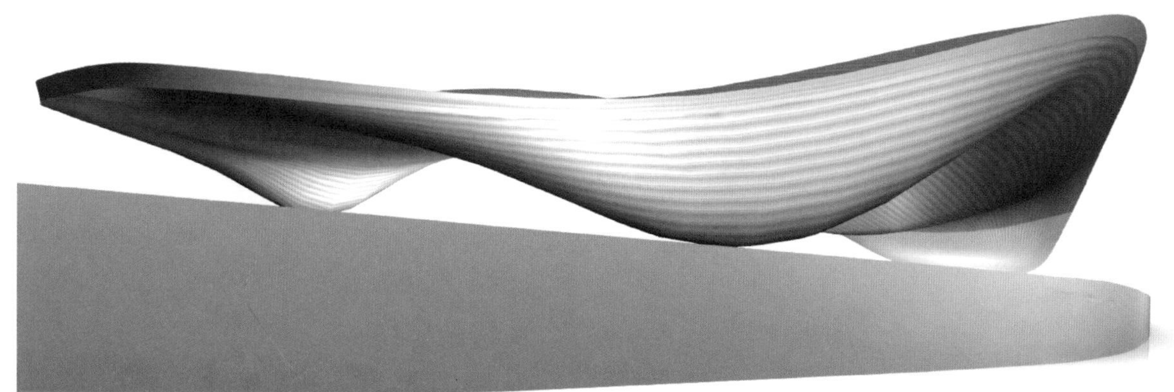

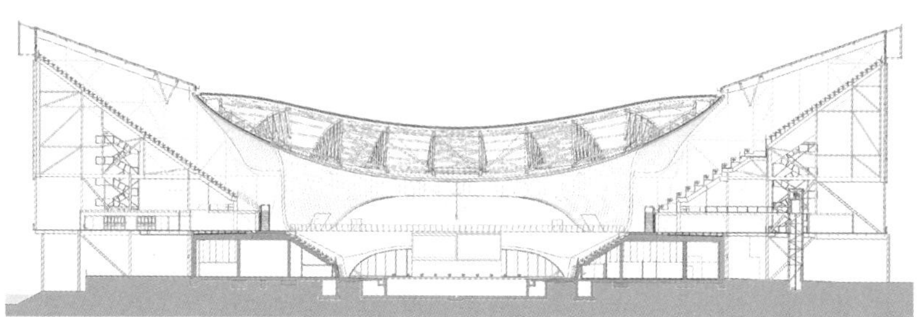

剖面图（奥运期间）

作为2012年伦敦奥运场馆的标志性建筑，水上运动中心是伦敦奥运工程建设中难度最大、最复杂的场馆。项目的设计灵活，符合2012年伦敦奥运会要求的场馆规模和容量，同时也为2012年奥运会以后的传统模式比赛提供了最佳的场馆规模和容量。

设计理念 项目的设计灵感来源于波浪的自由形态，借此创造了空间以及周边环境，以映衬河边奥林匹克公园的景致。

建筑布局 围绕这一设计理念，项目在布局上，将内部的3个水池一字排开，且依次分布在与斯特拉福城市大桥垂直的轴线上，这样的布局便于将整个水池厅基座以裙楼的形式同斯特拉特福城市大桥连接起来。

设计亮点——波浪形屋顶 项目的最大设计亮点是将重量与灵活完美结合的波浪形屋顶。整个屋架用钢量超过3000吨，宽80米，跨度160米，甚至超过了希思罗机场5号航站厅。巨型钢桁架仅由场馆北端的两个混凝土柱以及南端的一面承重墙支撑。

设计中运用双弯曲几何手法引入抛物线状的拱形结构，在视觉上让人联想到起伏波浪，与水上运动中心的功能相呼应，同时可以减少雨雪等天气对场馆造成的冲击。

另外，作为大型的室内场馆，照明是最为耗电的一个部分。而钢结构的屋顶框架形成了一些能够投进阳光的空隙，从而降低了电能的消耗。

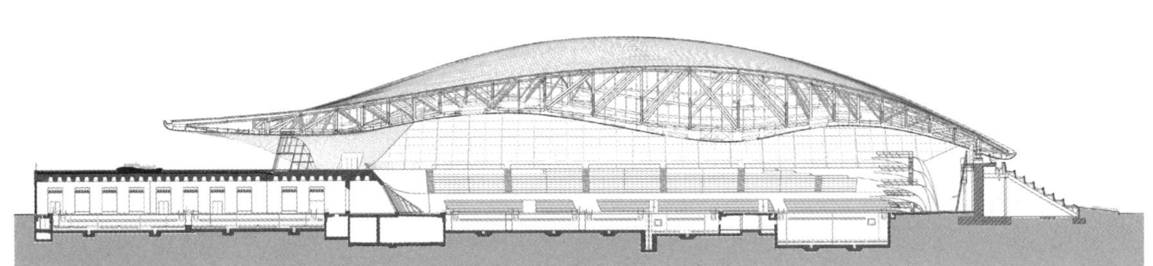

纵剖面图（奥运后）

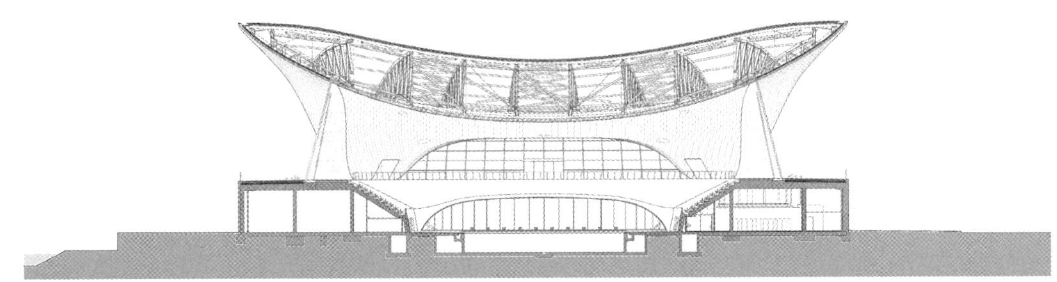

剖面图（奥运后）

内部特点 462吨混凝土打造出来的6个曲线形混凝土跳水板，像舌头一样在泳池的一端伸出，与波浪般起伏的天花板交相呼应。

进入到场馆内部，开敞的玻璃幕墙设计使整个场馆通透感十足，观众可以从多个角度欣赏到跳水池的风景。头顶上规则排列的花瓣形的开洞让自然光线穿过混凝土天花板漫射进整个室内。

有些游泳运动员说泳池上方的顶棚让他们感觉像在大海里与硕大的鲸鱼一起游泳，有一种释放自我的感觉！也有人说顶棚的流线型设计迎合了蝶泳时的泳姿。对此，扎哈·哈迪德的解释是："原本的设计想法是想让人产生被大浪卷入泳池，然后又冲高到跳水池上方跳板的感觉。"

另外，场馆内的座位设计极具灵活性，伦敦奥运期间场馆可容纳17 500名观众，而奥运会后场馆将最佳可容纳2 000名观众。

后期运营　作为2012年伦敦奥运会的永久性场馆之一，该项目已于2011年7月完工，鉴于政府要求应具有长期的使用价值，因此其运营主要体现在两个阶段。

首先，在奥运期间，这里不但要举办游泳、跳水、花样游泳、水上芭蕾、水球等项目的比赛，还将担负起奥林匹克公园的“大门”的责任，因为预计有三分之二的观众是通过一座横跨于水上运动中心顶部的大桥进入奥林匹克公园内。

其次，在奥运会结束后，水上运动中心被改造成社区运动中心、俱乐部和学校，将设有托儿所、亲子更衣室及咖啡馆。为当地社区、俱乐部以及学校提供服务，优秀运动员也可在此进行训练。尽管在大型游泳比赛中，两翼的看台能够增加体育馆的观众容量，但临时搭建的两翼看台仍将会在奥运会结束后拆除，届时仅保留2 500个座位。据悉，目前这座著名的场馆已从伦敦奥组委移交到了伦敦奥林匹克公园遗产开发公司。

奥林匹克公园遗产开发公司首席执行官安德鲁·阿特曼说：“水上中心将成为伦敦独具特色的设施，这将促进体育运动的复兴。”

扎哈·哈迪德

代表作 德国维特拉（Vitra）消防站，德国莱茵河畔威尔城（Weil Am Rhein）州园艺展览馆，法国斯特拉斯堡电车站和停车场，奥地利因斯布鲁克滑雪台，美国辛辛那提罗森塔尔现代艺术中心以及中国广州大剧院、北京银河SOHO、北京银峰SOHO、上海凌空SOHO等。

设计特色 扎哈·哈迪德的设计一向以大胆的造型出名，被称为建筑界的“解构主义'大师”。这一光环主要源于她独特的创作方式。她的作品看似平凡，却大胆运用空间和几何结构，反映出都市建筑繁复的特质。

从扎哈·哈迪德的多项设计作品的构思和表达方面看，她与众不同的伊斯兰文化背景显然弱于其所接受的英国式传统保守精神。但不可否认的是，她的性格之中还有着强硬、激越的一面，她的许多设计手法和观念似乎是在被阿拉伯血统中的刚劲精神热烈地鼓舞着勇往直前。与此同时，她也在一些“随形”和流动的建筑设计方案之中流露出贴近自然的浪漫品位。

正如扎哈·哈迪德本人说：“我自己也不晓得下一个建筑物将会是什么样子，我不断尝试各种媒体的变数，在每一次的设计里，重新发明每一件事物。建筑设计如同艺术创作，你不知道什么是可能，直到你实际着手进行。当你调动一组几何图形时，你便可以感受到一个建筑物已开始移动了。”

德国维特拉（Vitra）消防站

美国辛辛那提罗森塔尔现代艺术中心

中国广州大剧院

中国北京银峰SOHO

1 编者注　LEED。LEED是受到官方及市场一致认可的绿色建筑评估体系，是超出国家范围的国际银河SOHO标准，全球只有41个国家有LEED认证项目。绿色节能建筑LEED认证分4个等级：认证级、银级、金级、白金级。CS是LEED认证的一方面，为Core and Shell的缩写，意指核心与外观。

2 编者注　参数化设计。参数化设计，即在参数化设计系统中，设计人员根据工程关系和几何关系来指定设计要求。要满足这些设计要求，不仅需要考虑尺寸或工程参数的初值，而且要在每次改变这些设计参数时来维护这些基本关系，即将参数分为两类：其一为各种尺寸值，称为可变参数；其二为几何元素间的各种连续几何信息，称为不变参数。参数化设计的本质是在可变参数的作用下，系统能够自动维护所有的不变参数。

3 编者注　斯特林奖。英国皇家建筑师学会斯特林奖是英国优秀建筑奖。它的命名是建筑师詹姆斯·斯特林（1926—1992年），每年由英国皇家建筑师学会（RIBA）组织颁发。英国皇家建筑师学会斯特林奖是授予"在过去的一年内为英国建筑作出最伟大贡献的建筑师们"。建筑师必须是英国皇家建筑师学会会员，但建筑可以在欧盟内任何地点。斯特林奖获得者将得到20 000英镑的奖金。

4 编者注　乌尔邦。乌尔邦是8位教皇之名讳，其中以乌尔邦二世（1035—1099年）最为知名，罗马教皇（1088—1099年在位），中世纪四大拉丁神父之一，他在神圣罗马帝国皇帝的重压下，另辟战场，发起了十字军东征，重振了教皇的权威。

5 编者注　伦敦碗。伦敦奥林匹克体育场俗称伦敦碗，是2012年夏季奥林匹克运动会的主场馆，位于伦敦斯特拉特福区，在2012年伦敦奥运会期间设置大约80 000个座位。伦敦奥林匹克体育场的规划开始于2007年夏天，并于2008年5月22日正式开工建造，于2011年3月29日完工。

6 编者注　水立方。中国国家游泳中心，俗称"水立方"，位于中国北京奥林匹克公园内，2008年北京奥运会标志性建筑物之一。它与国家体育场分列于北京城市中轴线北端的两侧，共同形成相对完整的北京历史文化名城形象。

7 编者注　解构主义。解构主义作为一种设计风格的探索兴起于20世纪80年代，但它的哲学渊源则可以追溯到1967年。当时一位哲学家德里达（1930—2004年）基于对语言学中的结构主义的批判，提出了"解构主义"的理论。他的核心理论是对于结构本身的反感，认为符号本身已能够反映真实，对于单独个体的研究比对于整体结构的研究更重要。

美国纽约云杉街8号

编辑观点：作为一种能够反映城市生活的无限可能的建筑物，在云杉街8号的设计中，弗兰克·盖里将其“杀鸡用牛刀”的恶趣味发挥得淋漓尽致——用数字时代的高科技来打造手工技艺的怀旧感，用不拘一格的轮廓线来挑战钢筋水泥的生存法则，因此其标志性作品总是有别于那些面目模糊、冰冷机械的标准化建筑，散发出一种微妙而又迷人的特质。

奖项

2012年，获得安波利斯摩天大楼奖[1]第一名

设计单位： Gehry Partners, LLP **设计师：** 弗兰克·盖里 **结构工程师：** Kreisler Borg Florman

客户： 森林城市拉特纳公司 **项目地点：** 美国纽约曼哈顿

占地面积： 92 903平方米 **建筑面积：** 102 193.344平方米 **工程造价：** 6.6亿美元

开工时间： 2007年 **建成时间：** 2011年2月

项目定位 项目作为纽约历史上最高的豪华公寓楼，也是弗兰克·盖里设计的第一座摩天楼。从某种意义来说，它标志着人类社会由工业时代向数字时代迈进之际摩天楼历史内涵的转变，即从美国商业的象征到个人财富的展现。

区域位置 项目位于美国纽约曼哈顿金融区的边缘地带，北临布鲁克林大桥与佩斯大学主楼，西面和北面分别矗立着由卡斯·吉尔伯特设计的地标建筑伍尔沃斯大楼[2]和由麦克金、米德及怀特建筑事务所设计的市政厅，它们共同组成新的曼哈顿天际线。

项目矗立于纽约市政厅旁边，布鲁克林大桥南面的入口附近，与世贸中心遗址和华尔街都只隔几个街区，地理位置优越。

曼哈顿城市文化特色 曼哈顿是纽约的市中心，纽约最重要的商业、金融、保险机构均分布在这里。世界金融中心——华尔街分布在曼哈顿下城，而纽约的大企业、商业中心分布于曼哈顿中城。整个曼哈顿耸立着超过5 500栋高楼，其中35栋超过了200米，是世界上最大的摩天大楼集中区。拥有纽约标志性的帝国大厦、洛克菲勒中心、克莱斯勒大厦、大都会人寿保险大厦等建筑。每到夜晚，曼哈顿中城数千栋摩天大楼彻夜点亮，体现了纽约在世界上绝对强大的经济实力，因此曼哈顿中城也被喻为“世界上最好的地方”。

前期沟通 在以往，世界最高建筑中有许多都为办公楼，比如帝国大厦和芝加哥的威利斯大厦。当时人们都不习惯住高楼，后来又有许多城市居民搬到了郊区居住。美国高层建筑和城市住宅委员会主席蒂莫西·约翰逊称，摩天住宅楼在10～15年前开始变得越来越流行。随着中产和上层人士开始搬回城市核心地带，开发商们也开始寻找方法将越来越稀有且成本越来越高的黄金地段房产的收益实现最大化。在“911”恐怖袭击发生后，有些买家一想到要住在一个高耸在城市天际线的大楼内便打退堂鼓，对高层住宅的需求也因此暂时中断了一段时间。

然而，据评估机构Miller Samuel总裁乔纳森·米勒称，在“911”恐怖袭击发生后6个月内，市场对高层住宅的需求便开始复苏，在接下来的建房热潮中，数十座新高层公寓楼在全美各地的城市拔地而起。

作为弗兰克·盖里设计的第一座摩天楼住宅，项目建筑的轮廓线随楼层升高逐渐后退，仿佛随时都会失去平衡。“后退型轮廓线是纽约摩天楼的一大特色。”在接受《华尔街日报》采访时，盖里回忆道，当初他曾无数次漫步街头，在旧建筑中寻找纽约市的灵魂，最终拟订了设计方案。他发现，不少现代主义设计师喜欢在转角处采用玻璃材质，以致弱化了建筑形态，最完美的轮廓线应当是“坚硬而充满力量的”。

弗兰克·盖里之所以摒弃常见的直筒造型，采用不规则的“蚀刻”设计，乃是考虑到公寓楼的特殊功用，力求营造出相对柔和的空间

形态。外立面上的“波纹”正好构成了建筑内部的角状窗台，犹如一座微型的秘密花园，既可为住户远眺天际线提供极佳视角，又给人一种日渐稀缺的亲切感。

项目位于曼哈顿的云杉街8号，共有76层、高267米，是全世界排名第十二的摩天大楼，也是西方最高的住宅楼。超过1万块不锈钢板覆盖大楼的表面。更让人叫绝的是，所有钢板的形状都各不相同，因此，大楼的外形会随着观察者角度的不同而变化。

争议点：

立面结构与空间布局不协调。

全球建筑信息专家Emporis自2000年以来开始在每年新增的摩天大楼中选出最具代表性的大楼并为其颁奖，2012年获奖的是位于纽约的云杉街8号，它从全球220座摩天大楼中脱颖而出，拔得头筹。评判者宣布它获奖的理由是它那起伏的钢铁表面所蕴涵的意义以及在摩天大楼建筑过程中激进地使用了最新的建筑技术。

从外形看，项目犹如都市丛林中的“钢铁侠”——这缘于设计师弗兰克·盖里在外立面上使用褶皱式的不锈钢表皮。虽然，这种波浪起伏状的结构，使住户的景观视野更加开放，且采光更佳，但是外界却认为这种重复的扭曲过于简单化，且和室内没有关联，并质疑这是不是一个失败的设计？

与“狂野而夸张”的建筑造型相比，业内人士认为项目缺少了空间感，而“充满压迫感”。虽然公寓每层的面积较为可观，但是对那些看重个人空间的人来说，46.45~148.64平方米的一至三房仍然不能满足他们的需求。他们认为与整座建筑的环形设计相比较，公寓布局是古怪诡异的。

另外，将底部5层作为公立小学、第六层作为医疗中心无疑是最大的败笔。这种私人与公共空间相互交织的奇特格局，在某种程度上破坏了建筑物的整体美感。这种遗憾并非弗兰克·盖里本意，而是政府与开发商相互妥协的产物。

媒体评价　《纽约时报》盛赞云杉街8号是“46年来纽约市最美建筑”“数字时代的经典之作”。并评价说，如果当年的双子塔是纽约的天际线之焦点，云杉街8号则以更低调的姿态为数字时代的城市空间注入灵魂。

《纽约友邦指南》指出，弗兰克·盖里“用更传统的摩天楼造型取代了自己钟爱的几何积木游戏”，在创新与实用性之间取得了平衡。

民众评价　①破坏了纽约的城市氛围。②遮挡视线。③同周边建筑体量上严重不协调。④建筑顶部太宽，基部太臃肿，违背美观塔楼建设原则。⑤外形单调乏味。⑥窗户太多，不适合整体瘦削的外形。

这座高度为267米的76层摩天楼是西半球最高的住宅建筑，该混合使用型大楼，包括一个公立学校、纽约市中心医院的办公空间和超过900套住宅单位。它的结构框架是由钢筋混凝土制成，运用了符号化的形式和独特的材料为这座建筑创造了独一无二的视觉效果，其外形像被风吹皱了一样，极具动感。

创意过程 弗兰克·盖里首先采用了纽约塔的古典比例和传统的将建筑外墙逐渐缩入的做法创建了这栋曼哈顿具有代表性的建筑，它的设计就像是一个高大的婚礼蛋糕。盖里利用这些准则创造了大楼原始的概念图，然后又对设计做了进一步的完善，使其在每一间房里都能容纳客户要求的飘窗。

此外，弗兰克·盖里让窗户在垂直的平面上对齐，并稍微移动了每一层楼的窗户的位置，同时在每个房间窗户的大小上做了些许调整。弗兰克·盖里在这方面做了大量的研究，随后他意识到此时建筑的外观就像是覆盖着一层垂坠的织物。因此，他又一次补充了设计使其能突出这种效果。大楼的7个侧面都是这种构造，只有南侧的立面被剪切成一个平面，并与其他的立面形成对比，加强了建筑的雕塑感。整座大楼外表都覆盖着一层平坦而又起伏的不锈钢板，而底部则是一个高5个楼层的构造简单的砖砌平台，其目的是使其与邻近的建筑相协调。

结构布局 波浪式的外观使得大楼内的每一个楼层以及位于7个起伏的侧立面的每一间房都将按照不同的结构来布局。为了充分利用这一得天独厚的条件，弗兰克·盖里在室内用大型的窗户取景，并在一些大窗台边上设计了靠窗的座位，窗台由楼层之间墙体错位形成。飘窗的设计为住户提供了走出室外的空间，感受立于曼哈顿城市上空的气氛。

大楼的顶部分布有41.8平方米的摄影室和157.93平方米的三居室公寓。弗兰克·盖里计划用这些房间来最大限度地提高设计的功效，同时创建装饰精美、光线充足的家园。此外，屋顶的平台上还有一个封闭式的游泳池和其他一些住宅设施。

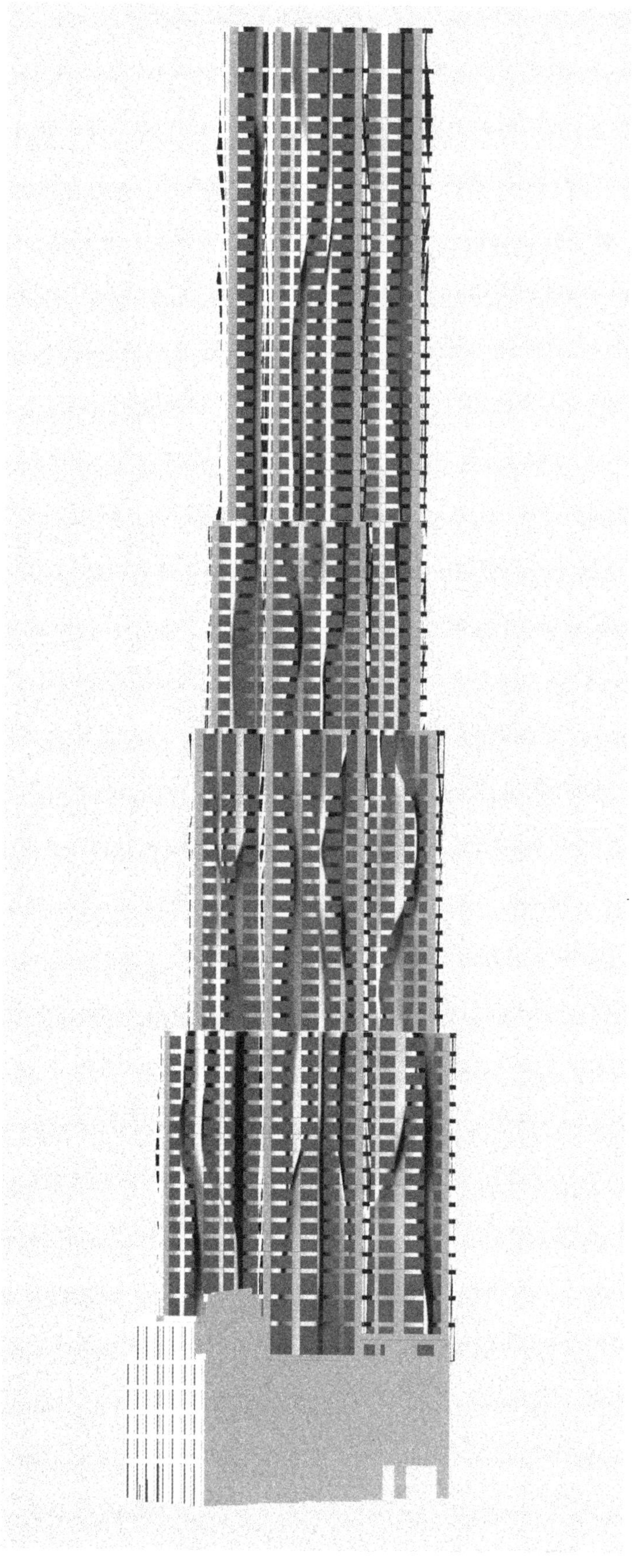

T型构架 大楼的主体形状并不出奇，经典的T型构架和锐利的转角，让这座建筑有着出人意料的厚重感。随着楼层升高，它的形状会稍稍退后，渐次打破直线轮廓，好似一叠堆得高高的玩具积木。楼的形状随着每一次脱离直线的间隙，都会有些流线型的变化，给人一种整个结构缺乏平衡的感觉。由于采用了现成的计算机模型，这种看似大费周章的设计方案所产生的成本几乎可以忽略不计，却最终营造出一种独特的怀旧气息，与北面伍尔沃斯大楼的哥特风格相映成趣。

波浪状外立面 建筑外立面由10 500块不锈钢片构成，每块钢片的形态各不相同，好似手工焊接而成。呈波状起伏的不锈钢外立面看起来好似幕布一般垂下，充满了褶皱感。波状的表皮同样延伸到了各个单元公寓中，室内的墙面和窗户也设计成了褶皱状，一直延伸到空中。当灯光和阳光照射过来，光影的舞蹈能让这座大楼在一天当中的任何一个时刻都成为灵动的风景。

后期运营 项目于2011年2月建成，首批住户已于2011年入住。作为纽约曼哈顿顶级豪华公寓之一，项目采取只租不售的运营方式，且租金严格按照市场利率执行。在76层有3所顶级公寓，每间公寓月租金6万美元，这一数字是美国民众平均年薪的两倍。

另外，项目内部包含一个公立小学，可为超过600名学生提供从幼稚园到八年级的教室。

美国拉斯维加斯克利夫兰卢·鲁沃脑健康中心

编辑观点：一方面，独特的外观让这座建筑间接成为拉斯维加斯的焦点，却也带动其北边市镇的人文气息，让赌城展现不同于纸醉金迷的既有形象。

另一方面，作为一个医疗机构，它不仅提供医疗解决方案，更传递了一种乐观的生活态度。例如在内部设计上做到开放而随意，使人感受到舒服与自在。这种活跃、轻松的状态被注入到建筑内涵当中，有利于感染在此治疗的患者。

设计单位: Gehry Partners, LLP **设计师**: 弗兰克·盖里

客户: Keep Memory Alive **投资商**: 拉里·鲁沃 **项目地点**: 美国内华达拉斯维加斯

占地面积: 7 913.48平方米 **总建筑面积**: 5 598.8平方米 **工程造价**: 1亿美元

开工时间: 2006年 **建成时间**: 2010年4月

供稿: Gehry Partners, LLP

项目定位 项目定位为一个脑健康的医疗机构，并计划成为美国最新科研和科学信息的基地，以治疗阿尔茨海默病、帕金森病、亨廷顿病等脑疾病，同时也关注预防、早期诊断和科普。

区域位置 项目位于美国内华达州拉斯维加斯市，西博讷维尔大街与南格兰德中央景观大道交叉口。项目的旁边有一个大型家具批发中心和会议中心，还有一个零售商场和一个音乐表演艺术中心。

拉斯维加斯城市文化特色 拉斯维加斯市是美国内华达州的最大城市，以赌博业为中心，集旅游、购物、度假于一体，是世界知名的度假圣地之一，拥有“世界娱乐之都”和“结婚之都”的美称。每年来拉斯维加斯旅游的3 890万旅客中，来购物和享受美食的占了大多数，专程来赌博的只占少数。

在这个沙漠环绕的地方，所有的注意力都集中到热闹非凡的拉斯维加斯大道，世界上十家最大的度假旅馆就有九家是在这里，其中最大的就是拥有5 034个客房的米高梅大酒店了。大道两边有自由女神像、埃菲尔铁塔、沙漠绿洲、摩天大楼、众神雕塑等等雄伟模型，模型后矗立着美丽豪华的赌场酒店，每一个建筑物都精雕细刻，彰显拉斯维加斯非同一般的繁华。

前期沟通 在加利福尼亚州的圣莫尼卡生活和工作的弗兰克·盖里表示，在企业家拉里·鲁沃与他联系之前，他拒绝了几个在拉斯维加斯设计建筑物的邀请。弗兰克·盖里说：“他们要求我在拉斯维加斯设计独一无二的建筑，使他们引以自豪，并且吸引一些团体来租用这些房子。这些房子将不同于拉斯维加斯的其他房子。”弗兰克·盖里认为，在拉斯维加斯建一栋独一无二的建筑物，是相当困难的，因为那里已经有许多不同造型的建筑。

但当他得知来自鲁沃脑健康中心的建案邀请时，不但欣然接受，更从周遭朋友的病况认识到此中心的重大意义，即通过该项目的建设来吸引有威望的国家医疗研究机构，去研究神经认知失调疾病。并且弗兰克·盖里提出要求，希望能增加研究项目，以期完工后将带给人们精神上的支持与普遍关怀。

拉里·鲁沃的的父亲卢·鲁沃因患阿尔茨海默病死于1994年。拉里·鲁沃说：“弗兰克·盖里使我能够实现我的愿望。运用他的名声去找到治疗疾病的方法。现在我们有一个国际财团来实现这个目标。”

Cleveland Clinic
Lou Ruvo Center for Brain Health

GOLDEN NUGGET
GOLDEN NUGGET

项目包括两座翼楼、一个开放的庭院和一座生命活动中心，最大特点为顶部是一个杂乱弯曲的、波浪起伏的金属和玻璃的格子棚架。俯瞰这个建筑，可隐约看出设计的构思来自左、右脑的概念，透出逻辑与创造的意涵。

MARKET CENTER
888

争议点：
疯狂的建筑造型导致的审美矛盾。

有人说，弗兰克·盖里的作品像是提前降临人间的未来建筑！他创作的作品由于形态特征突出、时代气息浓郁、艺术风格独特而举世闻名。不过，也有人不以为然，认为他的设计就像一团缠在一起的毛线。其作品在建筑界不断引发轩然大波，爱之者誉之为天才，恨之者毁之为垃圾。

正因弗兰克·盖里设计的项目极具个性，因此也备受人们的争议。例如，在拉斯维加斯当地报纸举行的"拉斯维加斯之最"的评选中，发生了一场戏剧性的争执——"拉斯维加斯之最美""拉斯维加斯之最丑"都指向了他设计的克利夫兰卢·鲁沃脑健康中心。

有人认为，"它像扭曲的残骸，或者是内部发生了爆炸而变异的赌场。"也有人认为，"它太漂亮了，就好像是人类脑部组织被建筑化了！"这种针对项目外观而作出的两种极端的评价，让鲁沃脑健康中心一时之间成为人们关注的焦点。

首次看到接近完成的脑健康中心时，弗兰克·盖里表示自己很满意，他说："它让我窒息。我喜欢这种样式。我不试图与它周围的混乱抗争。一些人可能认为它不得当，我不这样认为。"

888

媒体评价　《洛杉矶时报》的建筑评论家克里斯托弗·霍索恩(Christopher Hawthorne)给予其高度评价，称内部设计堪称继2003年弗兰克·盖里的迪斯尼音乐厅之后最令人赞叹的设计。

民众评价　“怎么看它都像受了撞击的脑部正在萎缩，这简直是设计师对病人的故意挑衅。”内蒂说，她67岁的丈夫是脑健康中心的第一位病人，由此，她也成为这座建筑第一个有发言权的使用者。

Cleveland Clinic
Lou Ruvo Center for Brain Health
888

项目由多个偏矩形结构组成，用白色石膏与玻璃材质覆盖。整座建筑包括3个主要结构，一个是医疗大楼，位于该建筑的北端，专门用作看护病人和做研究；另一个结构是医疗大楼和生命活动中心之间的一个通道，这个通道能提供一个有遮阳的休闲坐地，使病人可以享受拉斯维加斯怡人的气候；最后是生命活动中心，位于该建筑的南端，这里将举办各种慈善活动，活动的收益将用于脑部医疗研究。该中心旨在提供设施将病人护理、研究和教育的各个方面联系起来，其设施包括一个门诊部、一间研究室、一个神经影像间、一个阅览室、一个社区空间、一个可容纳450人的多功能宴会活动中心、一间餐饮厨房和一个生命活动中心。

医疗大楼——不规则的方盒子 与生命活动中心背向而依，面北而居的4层白盒子堆砌物，看上去就像是白石膏和玻璃制成的不太规则的方盒子，被随意叠加而成。随着建筑高度的攀升这些盒子渐次退让，从而为沿街一面创造出一个微妙的弧度。白色建筑是脑健康中心的医疗办公大楼——内设门诊部、研究室、神经影像间、阅览室以及美国最权威的老年痴呆症协会、亨廷顿疾病协会、美国帕金森症协会、保持记忆活力基金会等的办公室。整栋建筑的正门也设在这里。

连接通道——开放型庭院 在医疗研究建筑和高高的外表皮下是不锈钢的生命活动中心，之间隔着一座以棚架覆顶的庭院，过道处给人们提供了享受拉斯维加斯气候的凳子，同时又避免太阳直接照射。那里有小型的咖啡厅，可以感受东面花园和光线。

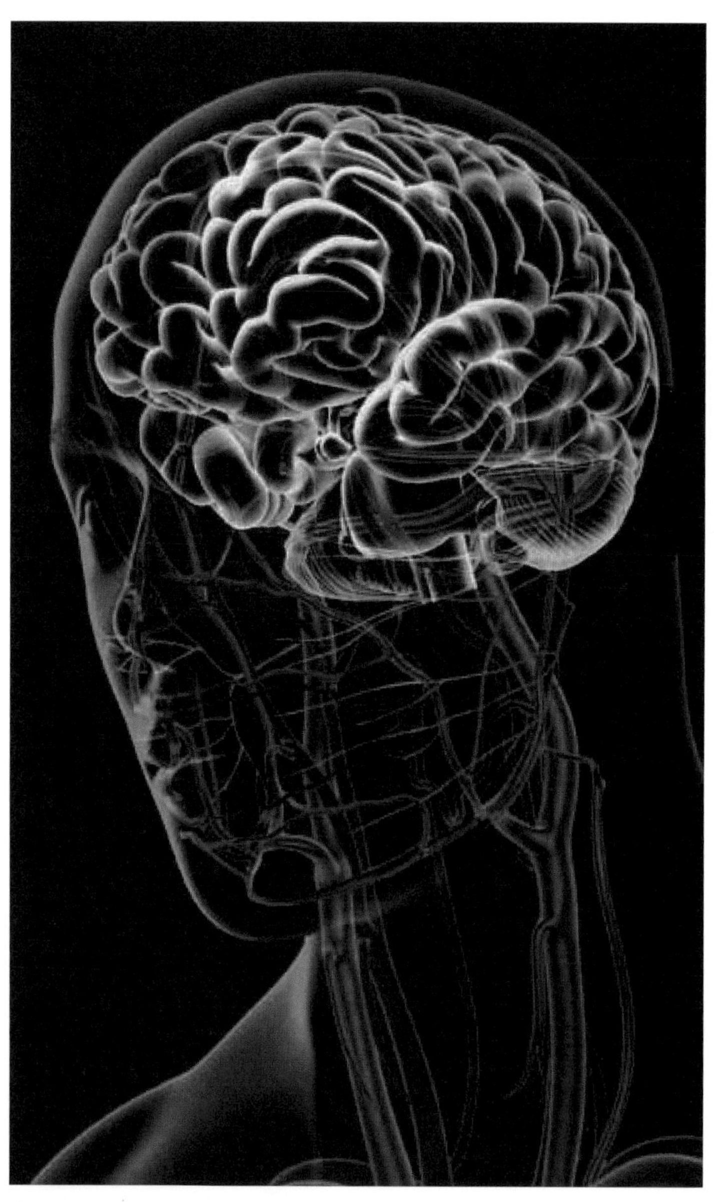

A2平面图1

1 垃圾桶外壳/格子顶部
2 变压器
3 回流防护装置
4 水表
5 地界线
6 收进线
7 开水间
8 紧急电源间
9 电配间
10 气量计
11 应急发电机
12 配电室/开关设备室
13 消防控制室
14 主机房
15 楼梯
16 应急电源房
17 消防水泵房
18 厨房
19 女厕
20 男厕
21 前厅
22 活动中心
23 肯尼思·鲍德温纪念广场
24 水泵房
25 设备管理器
26 警卫室
27 休息室
28 资源库
29 户外大厅
30 权属界线
31 收进线
32 电气间
33 音频室
34 紧急电源间
35 卡斯特
36 门厅
37 储藏室
38 管理处
39 电梯机房
40 电梯
41 走廊
42 礼品店
43 人口处
44 等候室
45 电梯
46 人口大堂
47 更衣室
48 阅览室
49 管理处
50 接待处
51 处理室
52 储藏室
53 恢复室
54 控制室
55 柜机加湿器
56 走廊
57 技术区
58 核磁共振控制间
59 核磁共振室
60 设备间
61 员工休息室
62 小等候室
63 地界线
64 核子医学室/CT室
65 加热实验室
66 PET/CT室
67 吸人室
68 活动中心

A2平面图2

设计特色——钢架结构 建筑外观一部分采用传统的直线形体，以白色墙体和玻璃错落分布；另一部分则采用了弗兰克·盖里标志性的不锈钢屋顶，像雕塑一般折叠起伏。它融合了两种截然不同的建筑风格，但在整体上却又存在紧密的联系。

建筑从外观结构到内部空间，均由弗兰克·盖里一手规划，其钢架结构设计较为复杂，都是一根根在海外做好再运来美国，在结合每根钢架时都需要动用GPS来定位才能避免误差。乍看之下，最引人注意的就是其中一个大厅，里面的199扇窗子没有一扇是同一个造型，晚上灯光从窗口投射出来，让建筑表情极为丰富。

1 拉丝锻面——M1系统
2 防坠落设施详细细节
3 单轨轨道
4 防坠落设施
5 钢棚T台
6 M3系统
7 外层镀钢支护和框架
8 钢棚结构
9 外层机械外壳
10 T.O.S.活动中心
11 活动中心
12 肯尼思·鲍德温纪念广场
13 饮水机
14 医疗大楼
15 户外大厅
16 等候室
17 接待处
18 神经诊断室
19 屋顶
20 走廊
21 休息室
22 会议室
23 T.O.棚架
24 T.O.钢板
25 T.O.S.屋顶
26 T.O.S.四楼
27 T.O.S.三楼
28 T.O.S.二楼
29 PL-1抹灰外墙拱腹系统
30 T.O.S.一楼

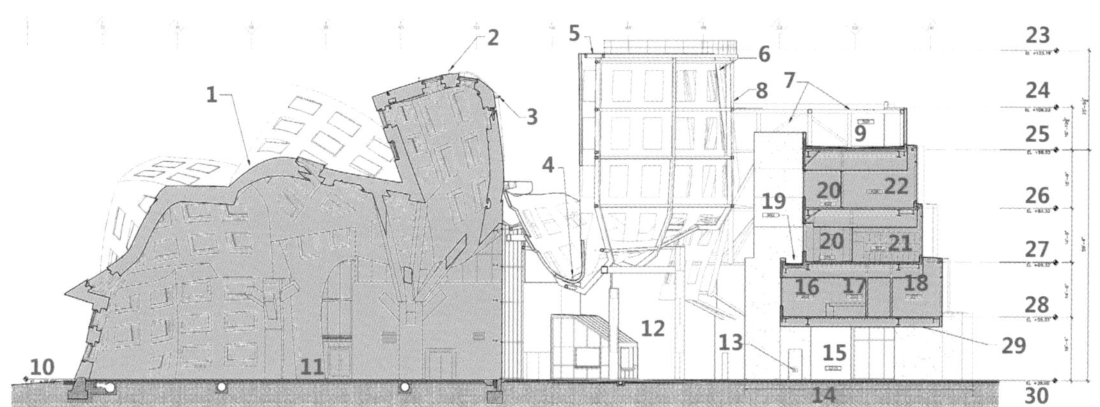

建筑剖面图

31 活动中心
32 朝上开放

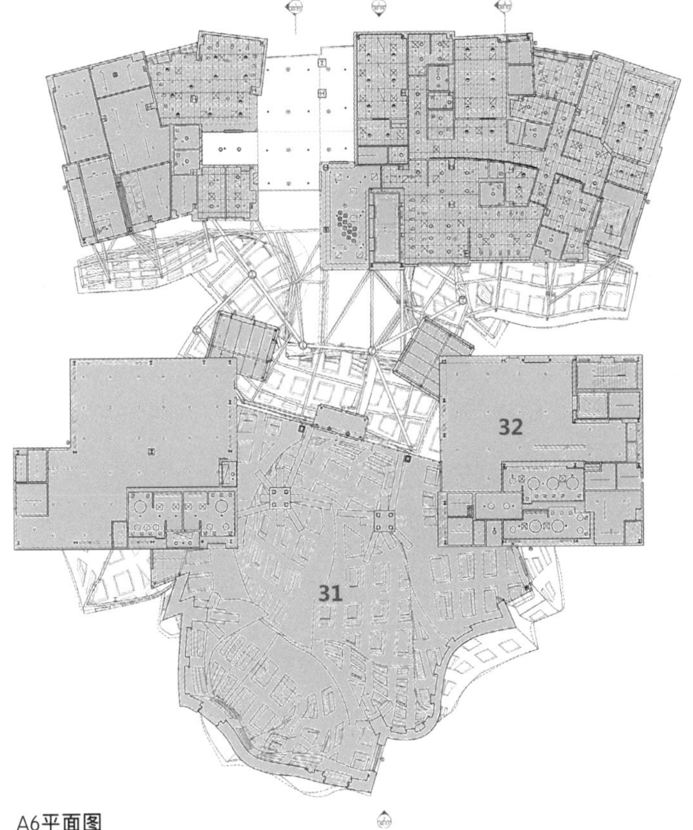

A6平面图

生命活动中心——设置打孔窗口和天窗 生命活动中心是该项目最吸引人的部分，远远望去，它像被套在一个表情丰富、由金属和玻璃组成的外壳里。由曲线组成的金属幕墙和屋顶设置了打孔窗口和天窗，其室内的普通照明和LED照明的五彩戏剧性效果遍及室内，溢至室外并穿过拉斯维加斯的高速公路。

EXIT

后期运营 作为一座世界级的医疗中心，旨在为病人护理、疾病研究、教育等多个方面搭建桥梁。该中心设有门诊诊所、研究诊所、神经影像套房、参考图书馆、社区活动空间、可容纳450人的多用途活动中心、餐饮厨房以及用于为“保持思维活跃”活动设置的办公场所。

目前该中心接纳来自世界各地的脑病患者前来治疗。另外，脑部医疗中心表示将来会增加心脏病治疗服务，并逐步发展成为一座全科医院。

弗兰克·盖里

代表作 弗兰克·盖里在世界各地设计了一些著名的建筑，包括美国洛杉矶迪斯尼音乐厅、芝加哥千年公园普利兹克展览馆、西雅图音乐体验馆和西班牙毕尔巴鄂的古根海姆博物馆。

设计特色 作为当代著名的解构主义建筑师，弗兰克·盖里以设计具有奇特、不规则曲线造型，雕塑般外观的建筑而著称。他在建筑和艺术间找到了共鸣，明显与模糊、自然与人工、新与旧、晦暗与透明、堵塞与空旷等方面，是弗兰克·盖里设计的建筑作品与其他建筑作品最为明晰的对照，因此弗兰克·盖里被誉为"建筑界的毕加索"。

弗兰克·盖里的作品相当独特，极具个性，他的大部分作品中很少掺杂社会化和意识形态的东西。他通常使用多角平面、倾斜的结构、倒转的形式以及多种物质形式并将视觉效应运用到图样中去。弗兰克·盖里使用断裂的几何图形以打破传统习俗，对他而言，断裂意味着探索一种不明确的社会秩序。在许多实例中，弗兰克·盖里将形式脱离于功能，所建立的不是一种整体的建筑结构，而是一种成功的想法和抽象的城市机构。在很多时候，他把建筑工作当成雕刻一样对待，这种三维结构图通过集中处理就拥有了多种形式。

弗兰克·盖里的设计范围相当广泛，包括购物中心、住宅、公园、博物馆、银行、饭店、胶合板家具以及曲线状的椅子等，而且胶合板的椅子在市场上相当火爆，因此评论家们批判其打着艺术的招牌胡乱行事，但弗兰克·盖里并没因此而停止自己的创作，他使用的材料从公众接受的木材到始料不及的金属铁丝网。在某种程度上说，弗兰克·盖里所精通的这种形式活生生地破坏了本国的总体流行形式。尽管他的作品与其他作品有很大程度的不同，但在某些类别上又有或多或少的联系，但是在与传统的城市功能、形式、空间以及总体外形等方面的比较上，弗兰克·盖里的作品又有相当的优越感，他创造了一种独特的风格，在建筑形式上也开启了一个新的篇章。

美国洛杉矶迪斯尼音乐厅

美国芝加哥千年公园普利兹克展览馆

美国西雅图音乐体验馆

1 编者注　安波利斯摩天楼大奖。安波利斯摩天楼大奖从2000年开始颁发，奖励在审美和功能方面的杰出设计。这个奖项授予在本授奖年完工的、至少有100米高的摩天楼。

2 编者注　伍尔沃斯大楼。20世纪初，鳞次栉比的摩天大楼在美国各大城市拔地而起，其中最富传奇色彩的是伍尔沃斯大楼。可以说，这座早期建成的，具有哥特式建筑风格的纽约摩天大楼达到了美学和高度的完美统一。1913年落成时，它是世界上最高的大楼，同时也是一个充满神奇和浪漫色彩的地面标志。

阿联酋迪拜塔

编辑观点：迪拜经常以奢华但构思巧妙的建筑吸引人们的目光，从比较早的七星级帆船酒店，到模仿地球、被誉为世界第八大奇迹的“世界岛”，再到热带沙漠中的“雪穹”滑雪场，无不令人叹为观止。这次落成启动的世界第一高楼迪拜塔，也是迪拜一贯风格的延续。

迪拜塔作为目前世界最高建筑，它代表了一个在使用最新技术、材料和施工技术和方法方面的重大收获，为了提供一个高效的、有理性的结果而达到前所未见的高度。

开发商：伊玛尔地产 **投资商：**迪拜世界公司

设计师：阿德里安·史密斯 **建筑设计：**美国SOM建筑设计事务所 **室内设计：**乔治·阿玛尼[1] **景观设计：**美国SWA景观设计事务所

施工单位：韩国三星工程、BESIX、ARABTEC **建筑工人：**1.2万名

项目地点：阿拉伯联合酋长国迪拜中心城区 **占地面积：**344 000平方米 **工程造价：**15亿美元

开工时间：2004年9月21日 **建成时间：**2010年1月4日

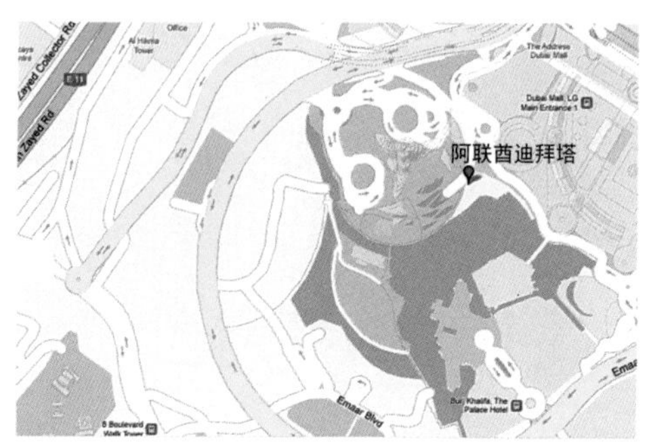

项目定位 项目作为一个大规模、混合型发展中心，集住宅、商业、酒店、娱乐、购物和休闲场所为一体，拥有开放式绿地、水景观、林荫小道、一个大型购物中心以及一个面向旅客的古镇。

区域位置 项目位于阿拉伯联合酋长国（阿联酋）迪拜内。迪拜位于阿拉伯半岛中部、阿拉伯湾南岸，是海湾地区中心，被誉为海湾的明珠。

如今迪拜已是阿联酋最大的城市，在中东具有举足轻重的地位，是中东地区的经济和金融中心。近年来，迪拜仍在建设许多的旅游设施，并不断发展自己的规模，迪拜不仅想成为中东的枢纽，它现在的目标是整个亚洲地区。

迪拜城市文化特色 阿联酋由7个酋长国组成，分别为阿布扎比、迪拜、沙迦、哈伊马角、阿治曼、富查伊拉、乌姆盖万。迪拜作为阿联酋的第二大酋长国，不光面积第二大，连经济实力也处于第二位。近20多年来，迪拜利用“石油美元”建成了一系列现代化配套基础设施，大规模的建设使得迪拜成了奢华的代名词。

迪拜与其他酋长国不同的是，其他酋长国的收入大多来自石油出口，而迪拜的石油出口贸易在GDP中仅占不到百分之十，迪拜更多的收入来自旅游，迪拜的旅游收入占到整个阿联酋非石油收入的十分之七。

前期沟通——数次修改为增加建筑高度 长久以来，迪拜一直是海湾地区新兴城市和经济腾飞的代表。在过去一个世纪里，北美和亚洲一些城市先后经历了经济繁荣，而21世纪中东经济发展热门的海湾地区，也正急于向全世界展示其成功和活力，摩天大楼[2]就是其展现方式之一。

艾马尔公司的首席执行官穆罕默德·阿里·阿拉巴表示，“迪拜拒绝平凡，渴望建造一座世界的地标性建筑”。另据一名纳克希尔地产的VIP观光客*Jacqui Josephson*表示，“穆罕默德·本·拉希德·阿勒马克图姆（阿拉伯联合酋长国副总统兼总理及迪拜新任酋长）想要用轰动的要素使迪拜登上地图”。

从迪拜塔建筑图纸浮出水面之时起，它的高度便成为一个谜，历经数次修改。据了解，最初迪拜塔高度仅为560米，后来经SOM重新设计后高度调整为650米，随后又追加到705米。SOM的结构工程师贝克说：“迪拜塔为设计和建筑设下一个新基准。我们原本认为迪拜塔只会稍高于台北101大楼[3]，但开发商EMAAR不断要求我们建高些，我们不知要建多高，只好像调校乐器般逐渐调升。当越建越高时，我们发现在过程中，迪拜塔能够达到远高于我们原先所想的高度。”

另外，为了获得最大的效率，在设计阶段建筑师、结构工程师和其他的一些顾问就在一起共同讨论过机械、电气和水管设施服务项目的协调发展。

迪拜塔又称迪拜大厦或哈利法塔，项目融合了历史及文化影响与先进技术，建筑设计采用了一种具有挑战性的单式结构，由连为一体的管状多塔组成，具有太空时代风格的外形，基座周围采用了富有伊斯兰建筑风格的几何图形——六瓣的沙漠之花。这座将居住和购物集于一身的综合性大厦最终以828米的高度成为世界第一高楼。

争议点1：

资金投入与经济效应不成正比。

迪拜塔从设计到筹资再到动土修建都成为全世界关注的焦点，一时间迪拜塔的巨大声誉以及其给迪拜带来的经济、社会效应成为人们争论的话题。

为了修建这一世界第一高楼，迪拜政府投入了巨额资金。据悉光是大厦本身的修建就耗资15亿美元，加上周边的配套项目，总投资超70亿美元。

对此分析家表示，迪拜豪华基础设施本身创收能力有限。迪拜塔靠销售房产可能有助收回建筑成本，但靠卖房赢利希望渺茫。虽然迪拜政府试图将迪拜塔打造成迪拜新地标，但人们却怀疑它能否真正为迪拜带来源源不断的财源，而且是否会成为迪拜政府的巨大债务负担，使迪拜经济雪上加霜。

另外，为了修建迪拜塔共调用了大约1.2万名工人，耗费2 200万个工时。据估计，工人大部分来自南亚，每天只有4美元工资。每天工作多达14小时，缺乏生活用水与安全设施，2004年和2006年工人分别爆发大规模罢工，抗议不公正待遇，随后遭到警力镇压。2007年，有4 000名工人因为参加抗议活动而被拘禁，随后遭到驱逐。对比建设期间工人遭受的种种非人待遇，迪拜塔似乎在警示人们，这高速增长背后的高成本。

争议点2：
创新技术虽多，但能耗过量。

项目拥有56部电梯，速度最高达每秒17.4米，是世界速度最快且运行距离最长的电梯。艾尔马地产公司的销售经理纳曼·阿塔拉说："这一设计将触及技术所能达到的巅峰，在此之前没有一座建筑能修那么高。人们不得不开发能适应这种高度的新型电梯。"

此外，为巩固建筑物结构，大厦动用了超过31万立方米的强化混凝土及6.2万吨的强化钢筋，而且也是史无前例地把混凝土垂直泵上逾606米的地方，打破上海金融环球中心大厦建造时492米的纪录。

项目虽具有多项创新的设计与技术运用，但仍被环保组织批评为过分耗能。具体表现在：供水系统平均每天供应946 000升水。在夏天制冷需求最高峰的时候，迪拜塔需要约10 000吨冰块融化所提供的制冷量。大楼高峰期的电力需求达36兆瓦，相当于同时点亮36万个100瓦的灯泡。

负责设计迪拜塔的美国著名建筑设计公司SOM则否认这一说法，其结构工程师主任比尔·贝克说："高楼由于其高密度，天然地具有节能性质。"

争议点3：

高度性与安全性之间的矛盾。

项目160层、828米高，是目前世界第一高楼。除项目本身因“第一”高度而引发外界的安全担忧之外，其最高建筑的身份也引起了恐怖分子的注意。在2010年12月2日亮相前夕，阿联酋政府获得情报，称恐怖分子正在计划袭击这座世界第一高楼，欲制造第二桩“911”。据悉，阿联酋情报机构当时逮捕了数名涉嫌参与恐怖活动的嫌犯。据嫌犯供称，一个位于阿联酋境内的恐怖组织正在计划袭击迪拜塔。

与外界对项目的安全担忧有所不同，开发商对这栋几乎为纽约帝国大厦高度两倍的超高建筑的安全性满怀信心。项目主任格雷格说：“哈利法塔25～30层之间建有避难层，这里防火能力更强，紧急情况下有独立的空气供应。大厦的钢筋混凝土结构比钢结构更为坚固。”格雷格还表示：“飞机不可能像穿进世贸大厦那样穿进哈利法塔。”

其他建筑师评价　知名建筑师Ken Shuttleworth对迪拜塔在设计建造上的艺术性赞不绝口，他称这一纤细的外部构造是制造一座超高层建筑最为经济的方法，但是，他也对这种建造目的、建筑功能的改变表现出了敏感："是否真的需要在沙漠中建造高楼？人们总是在平地上感受到强大的压力的时候才奋力向上。但是现在情况不一样了，迪拜塔的建造和地面压力完全没有关系，这是为了刻意制造一种姿态而建造的建筑，一座地平线上的地标。"

媒体评价　英国《泰晤士报》表示，谁都不知道迪拜塔将会成为一个繁荣社区还是成为一个鬼城，迪拜塔或许将成为迪拜鲁莽的终极象征。

民众评价　人权团体和劳工组织说，大楼是用"奴工"盖起来的，建筑工人日夜倒班地工作，只能挣得低至5美元的日薪。

项目有162层，高828米，其中37层以下均为酒店，45～108层则为公寓。124层是一个观景台，项目内部有1 044套豪华公寓。

项目的建筑设计融合了历史及文化影响与先进技术，成为一座高性能的大厦。其质量巧妙地分配到垂直空间，使旋涡脱落实现最大化，将风对塔运动造成的影响降到最低。

建筑基础 这个超级结构是由一个巨大的钢筋混凝土垫子支撑，整个设计是基于广泛的岩土和地震研究结果。垫子厚3.7米，由4块独立浇筑总计12 500立方米的混凝土组成。由于迪拜的地下水含高浓度氯化物和硫化物，容易侵蚀水泥和金属柱，结构工程师特别选用极高密度的水泥，并且在垫子下设有阴极保护系统，都是为了减少地下水中腐蚀性化学物质的侵蚀程度。

建筑基座 基座是由型钢[4]和钢筋混凝土组成的，并由一组组经纬交错的基础原件构成，为迪拜塔提供了一个固定在地面上的基础。所有的基座可以承受100万吨以上的重量，这些基座还使竣工后的迪拜塔能轻松经受里氏6级的地震，还能在每秒60米的大风中保持稳定，在高楼办公的人们也不会感受到任何摇晃。

建筑外饰面 外饰面由用反射性质的铝和有织纹的不锈钢上釉的窗拱肩面板以及不锈钢垂直管状散热片组成。26 000块单独手工剪切的玻璃嵌板被用于项目的外饰面。外饰面系统被设计来抵挡迪拜极端炎热的夏季高温，并且为了进一步确认其完整性，一个第二次世界大战时的飞机引擎被用来进行玻璃幕墙的动态风和水测试。项目所有的玻璃幕墙足以覆盖17座足球场或25座橄榄球场。

建筑结构 项目是典型的钢筋混凝土筒中筒结构[5]，横截面为Y状十字形平面，除了美学和功能上的优点，螺旋形的Y状十字形平面被用来塑造项目的结构核心。该设计是为了降低塔上受到的风力，也是为了保证结构的简单和施工的可行性。

结构体系可以被描述成"支撑核心"，是由高性能的混凝土墙结构组成的。塔的每一翼经由一个六边形的中央核心，或者说是六角形的中心支持着其他翼。这个中央核心提供了整个结构的抗扭强度，与一个封闭的管子或轮轴相似。通道墙从中央核心延伸到每个翼的尽头，以变厚的锤头墙结束。这些通道墙和锤头墙在抵抗风的剪切力和弯矩上表现相似。周围边界上的柱子和平坦的实心肋板使结构体系变得完整。

在设备层，悬臂墙被用来连接边界上的柱子到内墙系统，允许边界上的柱子参与抵抗结构受到的横向荷载，结果塔的侧向刚度和抗扭刚度都非常大。而且它还是一个非常有效率的结构，因为它的重力荷载抵抗系统也被使用起来，使它抵抗侧向荷载的作用最大化。

抗风设计 在考虑风对项目的影响时，设计团队认为与其"对抗"强风，不如"欺骗"强风。当这个建筑随高度螺旋上升，每一翼会逐渐收缩，塔楼每一段的设计都以不同方式偏向风，使整个塔的形状诡异多变。塔的收缩使每一楼层具有不同的宽度，塔的这种变化和形状有"扰乱风"的作用：风旋涡难以在塔的背风面形成，因为在每一个新的楼层，风又会遭遇到一个不同的建筑形状，从而破坏强风对大楼的影响力。

抗震设计 结构工程师团队使用地震模拟器（振动台）对等比例缩小的迪拜塔模型进行振动测试。在较小地震下大楼的晃动很小，随着震动强度的增大，大楼的晃动变得剧烈，但是性能依然非常好，底下的地面晃动非常剧烈，顶层却几乎不动。

这是因为项目主体结构是巨大的钢筋混凝土骨架，赋予了大楼超高的强度，而钢梁的加入则给整体结构加入了柔性，柔性的加入提高了结构的抗震性能，在地震时，主体钢筋混凝土骨架屹立不动，结构其他部分柔性颇佳，可随着外力的袭击而收缩变形，消耗了地震能量，保证了大楼的安全。

另外项目的底下有着200根50米长的桩基通力合作，既阻止了50万吨大楼的下陷，也提高了大楼的抗震性能。

窗户清洗系统 塔的外部维护包括窗户清洗和外观维护，是由18个永久安装好的轨道和固定着望远镜、安装着支架的建筑维护单元解决的。安装好的轨道被储存在车库里，在结构的内部，当不用的时候是见不到的。载人支架能够到达塔的外表，从顶部至第七层的所有区域。建筑维护单元的起重臂，当它完全展开时能达到36米，达到总长度约45米。当完全伸缩时，为了停靠，起重臂的长度将会缩到15米的长度。在正常情况下，伴随着所有建筑维护单元的运转，将花费3～4个月去清洗整个外观。

后期运营

成功开放第124层观景台 目前项目已成为迪拜游中的一大亮点，游客可以到第124层观景台参观。为控制游客流量，每隔30分钟出售一次门票，票价初步定价为成人100迪拉姆(1迪拉姆约为1.86元人民币)，3~12岁儿童75迪拉姆，3岁以下儿童免费，还出售210迪拉姆(约合57美元)的快速通道票。

销售速度虽快但入住率偏低 迪拜塔内有1044套公寓，据开发商埃玛尔地产公司介绍，项目公寓已经销售了90%。

2007年当迪拜塔内的住宅和写字楼开始对外销售时，两天之内就被世界各地的富豪们抢购一空。开发商艾马尔公司也"捂盘惜售"，每次只拿100套房子出来销售，而且第二次开盘比前一次价格要高出5%左右。在迪拜当时红火的大背景下，人们要购得迪拜塔的房子，每次开盘要排队十几个小时。

2004年期房是5.8万元/平方米，到2008年上半年是14万元/平方米，最贵的时候达到20万元/平方米。迪拜危机爆发后，项目的公寓就维持均价7万元/平方米，等于高位时的三折，但购房者仍寥寥。此外，住宅虽已进入销售尾声，但写字楼却没有卖出多少。

迪拜塔首批住户最快有望2010年2月左右迁入，但当中不少业主尚未收房便已因2009年迪拜楼价大跌而遭受巨大损失。有些人士担心，这座象征奢华的建筑很有可能因没有住户入住而变成"无人区"。

物业费高昂 大楼内为住户配备了各种配套设施，例如图书馆、雪茄俱乐部、泊车服务生以及美食广场。由于配备了多项独特的设施，住户需要负担的物业费用也是迪拜最高的。相当于每年每平方英尺80～90迪拉姆，是周围建筑的4～5倍。也就是说该楼盘一间80平方米的房子，一年物业费大约为7万迪拉姆，相当于12万～14万人民币。

阿德里安·史密斯

1944年，毕业于芝加哥伊利诺伊大学毕业。
世界知名建筑事务所SOM的设计合伙人。
2006年，创建"Adrian Smith+Gordon Gill"建筑事务所。
美国建筑师协会会员、英国皇家建筑师协会会员。
超高大厦设计者先驱之一。

代表作 除了迪拜塔，阿德里安·史密斯在中国的代表作有上海金茂大厦、南京紫峰大厦、北京凯晨广场等。

设计特色 带着世界第一高楼迪拜塔设计师的光环，国际知名建筑设计师阿德里安·史密斯表示，超高层项目不再是一个单纯的标志性建筑，而是需要成为真正的多功能建筑模式。

"我觉得超高层还没有达到最高的顶峰。"对于大家比较关心的超高层的高度极限问题，阿德里安·史密斯回答说。

他认为，"现在超高层建筑的设计受到相关性技术和人们生活习惯方面的一些限制，比如现在的电梯穿越的最高高度大概为575～600米，如果修建1500～1600米高度的高楼，人们从地面达到顶峰可能中间要转换两次电梯，人们愿不愿意中间转换两次到达顶峰，这就是人们习惯的问题了。"

中国上海金茂大厦

中国南京紫峰大厦

中国北京凯晨广场

1 编者注　乔治·阿玛尼。乔治·阿玛尼是世界顶级服装设计师之一。1934年出生于意大利，1975年创立的乔治奥·阿玛尼，现在已成为时装界最响亮的品牌之一。曾获奈门-马科斯奖、美国国际设计师协会奖项等，曾在14年内包揽了全球30多项服装大奖。

2 编者注　摩天大楼。在中国大陆，建筑规范规定100米以上高度的属于超高层建筑；日本、法国规定超过60米就属于超高层建筑；在美国，则普遍认为152米(500英尺)以上的建筑为摩天大楼。

3 编者注　台北101大楼。台北101大楼位于我国台湾省台北市信义区，由建筑师李祖原设计，KTRT团队建造，保持了中国世界纪录协会多项世界纪录。台北101大楼曾是世界第一高楼，以实际建筑物高度来计算已在2007年7月21日被当时兴建到141层的迪拜塔所超越，2009年9月广州塔的竣工及2010年1月4日迪拜塔的建成使得台北101大楼退居世界第三高楼。

4 编者注　型钢。型钢是具有确定断面形状且长度和截面周长之比相当大的直条钢材。按照钢的冶炼质量不同，型钢分为普通型钢和优质型钢。

5 编者注　筒中筒结构。筒中筒结构由心腹筒、框筒及桁架筒组合，一般心腹筒在内，框筒或桁架筒在外，由内外筒共同抵抗水平力作用。由剪力墙围成的筒体称为实腹筒，在实腹筒墙体上开有规则排列的窗洞形成的开孔筒体称为框筒；筒体四壁由竖杆和斜杆形成的桁架组成则称为桁架筒。

英国伦敦桥大厦

编辑观点：无论是独特而壮观的建筑外形，还是兼具多种功能的“垂直的小型城市”，大厦在使用功能的综合性上的合理规划为建筑增加了更多活力，对于伦敦一个如此重要的地标性公共建筑，公共参与性非常重要。

设计师：伦佐·皮亚诺 **建筑设计**：伦佐·皮亚诺建筑工作室 **景观设计**：汤森景观建筑师有限公司

投资商：卡塔尔政府、塞勒物业集团 **主承建商**：MACE **项目地点**：英国伦敦

建筑高度：309.6米 **建筑层数**：95层 **总建筑面积**：126 712平方米 **工程造价**：20亿英镑

开工时间：2009年3月 **建成时间**：2012年6月 **别称**：夏德大厦、碎片大厦

项目定位 作为西欧最高建筑物，欧洲第二高建筑物，项目定位为“垂直的小型城市”，是一座集写字楼、酒店、公寓、餐馆、商店、休闲场所和观景台于一体的多功能综合性大楼。

区域位置 项目坐落于英国伦敦市中心区泰晤士河南岸的伦敦塔火车站，与北岸著名的伦敦金融城只一桥之隔，脚下不远就是伦敦的另一著名地标建筑——伦敦塔桥。

这个车站接驳了火车、汽车和地铁线路，是伦敦最繁忙的车站之一，每天人流量高达20万。根据伦敦市发展政策，本项目旨在促进重要交通节点上的高密度开发。

伦敦泰晤士河南岸文化特色 提到伦敦，很少有人会忽略泰晤士河。泰晤士河是英国最长的河流，上游安静平缓，河道不宽，而通向入海口的地方则水面浩瀚，与潮汐相互呼应，蔚为壮观。公元前1世纪，罗马帝国统治英国的时候，泰晤士河已经是重要的运输通道。

和北岸的古老凝重相比，南岸的建筑设计现代，灵秀干净，艺术色彩浓厚。沿着泰晤士河，除了用旧发电厂改建的泰特现代艺术馆之外，还有仿照最古老的剧院修建的莎士比亚圆形剧场。每逢莎士比亚诞辰纪念日，整个剧场外壁就会系满红气球。新的伦敦市政府办公楼也在河南岸，全玻璃幕墙结构，外形像一只蒸歪了的馒头。市政府的展览馆里还经常有一些与中国相关的展览。

还有一个有趣的现象是，与河北岸的建筑大多背对河流不同，泰晤士河南岸的建筑大门通常向北，也就是说，是朝着河岸的方向。

前期沟通 地产开发商厄文·塞勒于1998年买下项目原址上的一座旧办公大楼时，并没有在原址建摩天大楼的念头。而随后不久，英国政府颁布政策，鼓励在交通枢纽附近开发人口稠密建筑。而塞勒买下的那块地恰好位于伦敦桥南火车、地铁和公共汽车交汇的公交枢纽附近。2000年他与意大利建筑设计大师伦佐·皮亚诺在柏林第一次会面时，后者在一张纸上草草勾勒的大厦草图当时即打动了他。2002年，政府批准了厄文·塞勒的改建计划，同时将大厦的建设明确为伦敦塔桥地区改扩建工程的重点项目之一。然而不幸的是，2008年大厦刚刚开工，恰逢金融危机，资金链断裂险些让工程难以为继，幸好这时卡塔尔投资集团入股80%，才使工程得以按计划进行。

皮亚诺说：“同开发商在柏林见面后，我对建造一座多用途塔楼，即垂直化的具有城市功能的建筑非常感兴趣。同时我也知道项目位于交通枢纽地段，有火车、巴士等交通工具穿过，所以这和我们之前所做过轻污染工业用地项目很类似，即有如何将其同周边城市生活整合在一起的问题。设计时正赶上城市人口激增后种种社会问题开始显现的时机，城市的膨胀只能从自身加以解决，填补空缺，利用工业用地以及火车轨道区域。就这样，我们开始设计了。”

FT

SHARD

伦敦桥大厦也叫夏德大厦，又名碎片大厦，伦敦新地标建筑。它之所以取名碎片大厦，是因为外墙由向内倾斜并依次向上延伸的玻璃片覆盖着，自下而上由粗变细，最终形成一个晶莹剔透的玻璃“金字塔”。塔尖的玻璃板互不接触，形成一个“让大厦在天空呼吸”的开放空间。

争议点1：
高层建筑集群导致城市污染。

由卡塔尔政府和塞勒物业集团共同投资的伦敦桥大厦是意大利建筑师伦佐·皮亚诺设计的伦敦新地标性建筑，高309.6米，成为英国首都新的动态象征，重新界定了伦敦的天际线。

随着这个新地标的建成，该区域的摩天楼再度成为关注焦点。作为现代城市的标志性符号，摩天楼在过去50年一直朝着“没有最高，只有更高”的方向发展。一座座摩天楼直插云霄，最大限度地利用拥挤城市的土地资源。不过，惊人的高度也会导致一系列负面影响，例如底部的强风和长长的阴影。如果摩天楼成群出现，那么就会形成嘈杂的“城市峡谷”。

在这种情况下，阴影和噪声污染就比较严重。毫无疑问，这个峡谷壁的缝隙越多，声波就越容易逃逸，进而让街道变得更安静。针对这种现象，人们越来越疑惑，现代城市是否需要如此多的摩天楼，而且建如此多的摩天楼，到底是好，还是不好。

伦佐·皮亚诺说：“我永远不会成为高层建筑的倡导者，因为我并不认为我们一定要建造高层建筑。不过，如果一座摩天楼给予所在城市的东西超过从这座城市获得的东西，我们似乎没有理由不进行这种尝试。”

争议点2：
建筑外形与周边环境不和谐。

伦敦市规划当局原本希望通过在泰晤士河南岸兴建一座标志性建筑，来给古老的伦敦带来现代化的气息。但舆论认为，与城市形象相比，公众可能更在意高楼的安全。英国文化遗产保护机构也对项目产生恐惧，担心对圣保罗大教堂、伦敦塔和威斯敏斯特宫的景色产生不利影响。他们认为巨大的钢筋混凝土的身躯让邻近圣保罗教堂雄浑的顶棚显得渺小，这种尺寸显得野蛮无礼，似乎在傲慢炫耀这座城市是金钱至上。这种景象就像是这一金融建筑俯视底下无产阶级民众，冷冰冰地制定不同游戏规则。

虽然大部分人认为松绑了的自由资本主义似乎也解放了社会与创造力。但是之前仍然发生高楼被炸的事件，这样就给高耸直入云霄俯视整个伦敦天际线的伦敦桥大厦的未来蒙上阴影。而且，项目与周边环境严重不协调表明社会资源分配的不公。

另外，在它的“首亮”之夜，由于精彩度不如预期，因此，受到英国古迹署的指责：“夏德大厦如玻璃碎片一样撕裂了伦敦的历史意义。”（“夏德”的英文意思正是“碎片”）。

虽然，支持者赞赏其因造型独特而独领西欧最高建筑的风骚，是伦敦南区振兴的龙头工程；批评人士则认为，“碎片”外形突兀、生硬，毫无美感，就像插入伦敦心脏的一根带着断茬的尖刺。

不过从历史经验角度看，现在盖棺定论为时尚早。大厦设计者伦佐·皮亚诺认为最好的建筑往往需要很长时间才能被人们读懂，因此评价“碎片”的最佳时机不是现在而是十年后。伦佐·皮亚诺设计的巴黎蓬皮杜艺术中心也是在争议声中成长为当今首屈一指的著名建筑。

伦佐·皮亚诺和开发商厄文·瑟拉表示，大厦将成为伦敦人的一个宠儿，人们可以搭乘电梯登上这座摩天楼的观景台，尽情欣赏伦敦的美景。

其他建筑师评价　曾在美国中西部设计多座摩天楼的建筑师史蒂夫·约翰逊表示："夏德大厦选在一个非常理想的地点建造。在这座大厦的所在位置，泰晤士河的宽度达到0.5英里（约合800米）。由于外形呈锥形，越往上越细，受阴影影响最大的将是伦敦的办公楼。"

媒体评价　建筑评论员Tyler Falk说："外观像奶酪磨碎机，毫无美观可言，外观虽看起来挺拔，却显得傲慢。"

建筑评论员Harry Mount说："这么高的建筑对本已不高的伦敦天际线是个灾难，要是放在纽约这样一个没有历史文化底蕴的城市那就好了，并且只是钢铁、玻璃以空洞、单调、毫无艺术感的方式堆彻起来的。体量虽印象深刻，但问题是阻碍了其他真正巧夺天工、真正有魅力的建筑物的观赏视野，这种大体量就显得是野蛮、灾难性的。"

《卫报》记者乔纳森·琼斯认为，伦敦桥大厦与周围不相称，对伦敦建筑是个灾难。先不管这样一个子弹头式的建筑在满是塔楼的伦敦是什么样子的，单单是如此之高的建筑物唐突地进入伦敦天际，就会使得附近诸如萨瑟克教堂、伦敦桥等地标黯然失色，这对伦敦是疯狂的攻击举动。

民众评价　伦敦桥大厦只不过是钢铁与玻璃堆砌起来的又一个“金字塔”，本质上并不让人感到喜爱。传统主义人士认为，项目让圣保罗大教堂和议会大厦等地标暗淡无光，遮挡圣保罗大教堂视线，破坏了邻近的伦敦桥的视线完整性，外形傲慢自大。

作为欧洲第二高建筑物，项目仅次于目前正在建设的338米高的莫斯科“水星之城”大厦。项目共消耗混凝土5.4万立方米，相当于22个奥运会标准泳池的容积；支撑整个大厦所用的钢骨框架，若全部拉直长达13700米；大厦内共有44部电梯；大厦中的公寓住宅和位于52层的泳池为欧洲最高。

设计理念与灵感 建筑顶部没有封闭，而是向天空敞开，传递了让建筑自然呼吸的设计理念。塔楼的形式取决于它在伦敦天际线上的突出地位，不同于纽约或香港之类的城市，它并非已有高层建筑群的一部分。项目设计参考了基地附近伦敦港大型船舶的桅杆形状以及莫奈的画作《议会大厦》[1]。

金字塔造型 建筑的细金字塔造型和多种功能用途相适应，底部每层面积较大的楼层用于办公，中间楼层用于公共活动和酒店，而顶部的楼层用于住宅。最后的68~72层也是公共楼层，提供了一个高于街道240米的观景展厅。在这上面，玻璃幕墙向上继续延伸至305米。使用功能的综合性为建筑增加了更多活力，对于伦敦一个如此重要的公共建筑，公共参与性非常重要。

幕墙设计 8片玻璃幕墙决定了建筑外形和大厦的视觉质量。双层被动式幕墙全部采用了地铁玻璃，幕墙内的凹槽安装的机械滚动百叶起到遮阳功能。幕墙通风孔上的缝隙提供了自然通风，这种通风被用在办公层的会议室或休息空间以及住宅层的冬季花园中。这种设计让建筑可以与外部环境连通，而在大多封闭的建筑中是无法实现的。

建筑组成 建筑主要结构是一个位于建筑中心的滑模混凝土核心筒，承载了主要的管道、客梯和消防通道。单层和双层电梯总计44台，将位于街面和车站大厅的众多建筑入口联系起来。本项目还包括了对于火车站大厅、汽车站和出租车站的重建，两个新的长宽各30米的广场将会形成项目中心。这种对于公共空间的改善将会成为这个拥挤但被人忽视的城市空间新生的契机，也有望成为这个区域长远发展的催化剂。

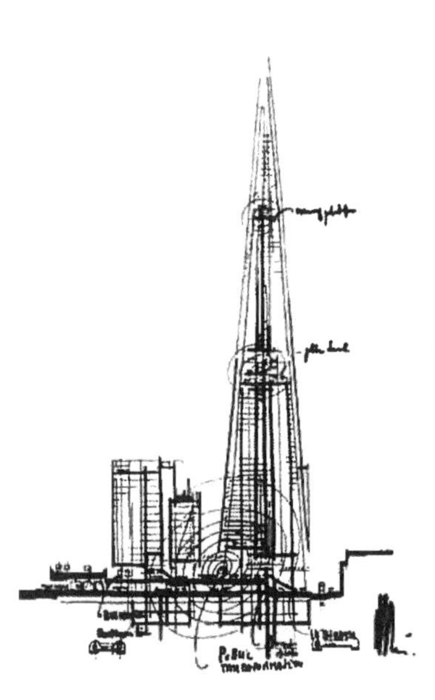

建筑剖面图

后期运营 项目于2013年2月1日起向公众开放。大厦内部面积共12.7万多平方米，1~30层为办公楼使用；31~35层规划引进各式餐厅进驻；36~67层为香格里拉酒店；68~72层则是观景层，可以享受到全新的极致观景体验；73层以上为不对公众开放区。大厦里有10套豪华公寓准备出售，每套售价为5 000万英镑。据说项目开幕时一套豪宅都没卖出，并且大厦内只有一个租户。

游客可以乘坐高速电梯抵达大厦第68层，然后再转乘另一部电梯直达高度为244米、被专门辟为观景平台的第72层。观景楼层从2013年2月1日起开放。成人观光票是24.95英镑（约合人民币248.5元），儿童观光票是18.95英镑（约合人民币188.8元）。开放时间将为每天9点到22点（12月25日除外）。大厦管理方预计，每年的观景游客将超过100万人。

另外，根据协议，香格里拉集团在大厦的租用期为30年。此合作协议标志着香格里拉将在欧洲成功开设第一家酒店，该酒店将成为伦敦市中心10年来首家全新建造的五星级豪华酒店。

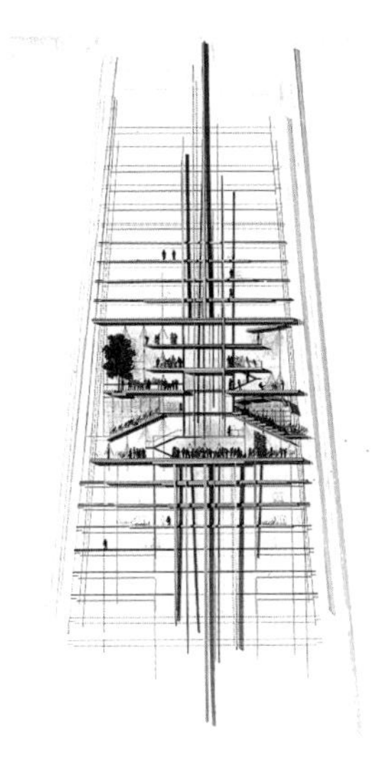

观景层剖面图

伦佐·皮亚诺

1937年9月14日，出生于意大利热那亚。
1964年，从米兰科技大学获得建筑学学位。
1965—1970年，为美国建筑师路易·康和MAKOWSKY工作。
1971—1977年，与英国建筑师理查德·罗杰斯共事。
1998年，获得第20届普利兹克奖。
因对热那亚古城保护的贡献，他亦获选联合国教科文组织亲善大使，目前仍生活并工作于这一古城。

代表作 伦佐·皮亚诺的作品范围惊人，从博物馆、教堂到酒店、写字楼、住宅、影剧院、音乐厅以及空港和大桥。他的成名之作包括柏林Postsdamer Platz的重建、大阪的关西国际机场、巴黎的Georges Pompidou中心等。他最新的两个设计项目是纽约时报总部大楼和芝加哥艺术协会的扩建工程。

设计特色 作为意大利当代著名建筑师，伦佐·皮亚诺注重建筑艺术、技术以及建筑周围环境的结合。他的建筑思想严谨而抒情，在对传统的继承和改造方面，大胆创新勇于突破。

在他的建筑实践中，发明、创新、突破始终是他向空间“维度”探索的法宝，在梅尼博物馆的设计中，他以单纯的形式唯美的比例，将建筑的美回复到功能主义的设计理想中，并发明了可以让阳光永驻的太阳能采光装置，将非物质的成分例如阳光引进建筑之中，并成为建筑的组成部分。在蓬皮杜中心的建造过程中，他设计了一种全新的钢索结构部件，在这种部件被全法国的钢铁公司宣布为无法实现后，而他仍然坚定地相信自己的设计，最终找到了德国的Krupp公司，这才成功地展示了他的设计思想。

“敢于打破常规，并坚定地使之付诸实现，你就会发现，你的设计已不受任何限制，并达到自由自我的境界”这是伦佐·皮亚诺的经验之谈。“人文城市”模式，是他多年酝酿的一个设计理想，这一点在他的里昂国际城、柏林Postsdamer Platz和热纳亚旧港改建等规划项目中得到了全面的体现。新建筑与老建筑，新景观与老的城市景观，建筑、环境与人，形成了良好的互补关系和依存关系。

德国柏林Postsdamer Platz

日本大阪的关西国际机场

法国巴黎的Georges Pompidou中心

1 编者注　莫奈与《议会大厦》。莫奈（1840—1926年）印象派著名画家，印象主义绘画运动坚定不移的执行者。《议会大厦》这幅作品创作于1904年，以英国议会大厦为主角，展现了阳光和雾霭笼罩下的议会大厦。据悉，关于莫奈和伦敦的雾，还有一个非常有名的典故。在莫奈的很多伦敦系列作品中，雾都是紫红色的，当时伦敦人对此非常惊讶，因为在人们印象中，雾是灰色的。后来，许多人专门为此到伦敦大街上仔细看雾，结果才发现，由于烟囱里不断地喷出带有火星的烟火，与光发生映射，伦敦的雾确实是紫红色的。这样一来，人们对莫奈更是佩服，甚至称他为“伦敦雾的创造者”，他的“雾都”系列作品也因此一举扬名，身价攀升。

中国深圳证券交易所新总部大楼

编辑观点：深圳证券交易所新总部大楼是一座不能用“美”和“丑”来形容的建筑，因为它不是按照美学规律来设计，而是基于新的立场和方式产生，是基于逻辑和功能的设计。项目以有趣的几何形式表现概念，以功能和理念推导出新的新建筑美学，这种立场反而诞生出匪夷所思的建筑形式，给人造型观念上的颠覆和震撼。

客户：深圳证券交易所 **设计师**：雷姆·库哈斯 **建筑设计**：荷兰大都会建筑事务所

配套设计：深圳市建筑设计研究总院 **施工单位**：中建三局 **幕墙安装**：中航三鑫股份有限公司

项目地点：中国广东深圳福田区 **占地面积**：132 000平方米 **总建筑面积**：267 000平方米 **工程造价**：约30亿元

开工时间：2008年10月14日 **建成时间**：2011年6月30日

项目定位 深圳证券交易所[1]作为中国大陆两大证券交易所之一，其新总部大楼旨在成为一个拥有公民意义的金融中心，是一座集现代办公、证券交易运行、金融研究等为一体的多功能综合办公大楼。

区域位置 项目地处深圳市福田区，位于莲花山与滨河大道之间的南北向轴线与东西向轴线——深圳市主干道深南路的交汇处。

福田区位于深圳经济特区中部，东部从红岭路起与罗湖区相连，西部至华侨城与南山区相接，北到笔架山、莲花山与宝安区民治街道相连，南临深圳河、深圳湾与香港新界的米埔、元朗相望。福田区是深圳市委、市政府所在地，是深圳市重点开发和建设的中心城区，将建设成为深圳市的行政、文化、信息、国际展览和商务中心。

深圳城市文化特色 深圳，又称为鹏城，国际化大都市，全国经济中心城市，国家创新型城市，国际花园城市，全国四大一线城市之一。深圳是中国最早对外开放的城市，中国第一个经济特区，经国务院批准1980年8月26日正式设立。深圳是中国南方重要的高新技术研发和制造基地，是世界第四大集装箱港口，中国大陆第四大航空港，中国优秀旅游城市。由于毗邻香港，市域边界设有全国最多出入境口岸。

“什么都有，但什么都已经不是原来的味道”，这句话曾经被人用来形容深圳这个城市在文化上的风格。这些文化在这个以开放和兼容著称的地方，相互融合形成一种样式单一的新文化，这就是年轻的深圳，或者说是正处在文化青春期的深圳。

前期沟通 证券交易所的实质在于资金流动，作为亚洲最具活力的证券市场之一，表现和描绘了城市金融文化的秩序感，项目的标志意义远超其物理意义。

鉴于项目的标志意义，雷姆·库哈斯不无得意地对记者介绍说：“深圳证券交易所新总部大楼的设计能够从参与竞标的4家国际知名建筑事务所提交的方案中脱颖而出一举中标，其关键之处在于这个‘漂浮平台’背后的城市文化新内涵。可以说，我们做这个方案，并不是占用了空间，而是创造了空间。我们给这个城市创造了富有通透感的空间环境。我们关心的不仅仅是建筑，还包括建筑的文化内涵。”

另外，该工程造型新颖，结构复杂，拥有世界最大空中悬挑平台。该平台抬升裙楼距地面36米，高度24米，东西向悬挑36米，南北向悬挑22米，悬挑平台面积15 876平方米。整个悬挑平台由14榀巨型悬挑钢桁架组成，主桁架总重1.4万吨，全部采用巨型节点和箱形截面杆件拼装而成，单个节点最大重量达173吨，共有9个多角度超大接头。为解决高难度悬挑平台施工难题，项目使用了国内最大的两台塔式起重机作为主要吊装设备，并首次在国内民用钢结构工程采用沙箱卸载技术。

福中三路

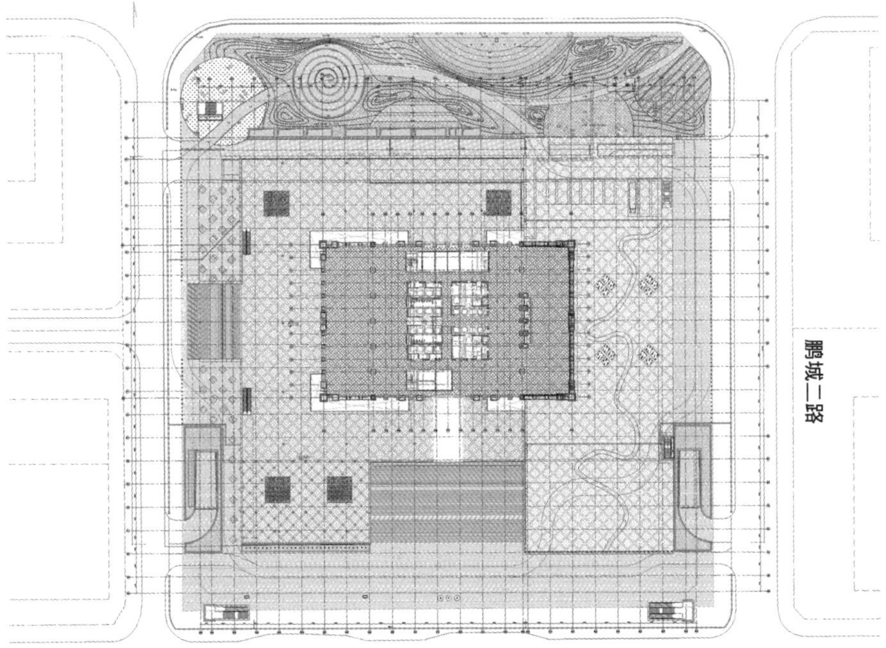

深南大道辅道

这是雷姆·库哈斯在中国的第二个作品。外观虽不像央视新大楼那样特立独行，但仍然足以吸引人的眼球。在立柱形的大厦中下部，建筑的底座被抬升至30多米高，形成一个巨大的“漂浮平台”。据悉，该平台是世界上最大的悬挑结构，被誉为“世界上最大空中花园”。

中国建筑三局

争议点：

设计理念与建筑造型之间的矛盾。

深圳证券交易所新总部大楼由荷兰建筑设计天才雷姆·库哈斯担任首席设计师的荷兰大都会建筑事务所设计，这也是继中央电视台新大楼之后，雷姆·库哈斯在中国付诸实施的又一个代表作品。对于央视新大楼曾经引起的广泛争议，他是否会担心在深圳的这个新作品将同样遭到公众的非议呢？雷姆·库哈斯轻松地说："其实我很享受我的作品引起的争议，我总是很享受地阅读人们对于我们设计的作品发表的言论。我的愿望只有一个，就是给深圳创造出一座既舒适实用，又过目不忘的永久建筑来，让这座城市拥有世界级的新地标。"

事实上，对于这个现已成型的建筑，引发争议最多的是，新大楼形似股市K线图中带有很长上影线的十字星，被股民指责"晦气"。另外，还有不少人把关注点都指向了大楼中下部形成的一个巨大的"漂浮平台"，曾有网友戏称为"超短裙"。

设计师雷姆·库哈斯此前在接受采访时曾表示："证券交易所的核心是投机，其根本在于资金而不是地心引力。作为深圳最具视觉力的证券市场，这座大厦的标志意义超过了一切，它代表着证券市场，更胜于它在物理意义上的空间。它不是一个汇集办公室的交易场所，而是视觉上的有机整体，表现和描绘了证券市场的程序。"

同时，他还指出，这个巨大的"漂浮平台"既成为承接上部的平台，同时又释放了下层的空间，抬升大厦的基座，提高了大厦相对于地面的位置，也增加了大厦的曝光度，从这个空中平台上，能向全世界的证券市场发布最新的信息。

其他建筑师评价　深圳华森建筑与工程设计顾问有限公司总建筑师王晓东曾经参与了深圳证券交易所新总部大楼设计招投标的过程，他告诉记者，深圳证券交易所新总部大楼有一个强有力的造型，它很独特，又方正简单，而这些往往是一个证券公司希望向外部传递的形象信息。王晓东表示，他认可这个建筑，在功能层面上，开放了更多空间给社会，容纳了更多公共设施在它的庇护下，又不妨碍它自己的使用。

媒体评价　中国建筑传媒奖总策划人赵磊指出，众多丑陋的公共建筑出现，大多是权力之手干预的结果。他说，权力介入了整个设计过程，从一些项目的招标开始，官员的随便一句话就能决定设计，当权者的品位，直接决定了设计品位。很多建筑的效果并不是设计师的意图，是权力控制的结果。

民众评价　深圳著名建筑评论人贺承军表示，建筑的外观仅仅是建筑的一个方面，还有功能、性能等因素，而外观又是一个见仁见智的看法。

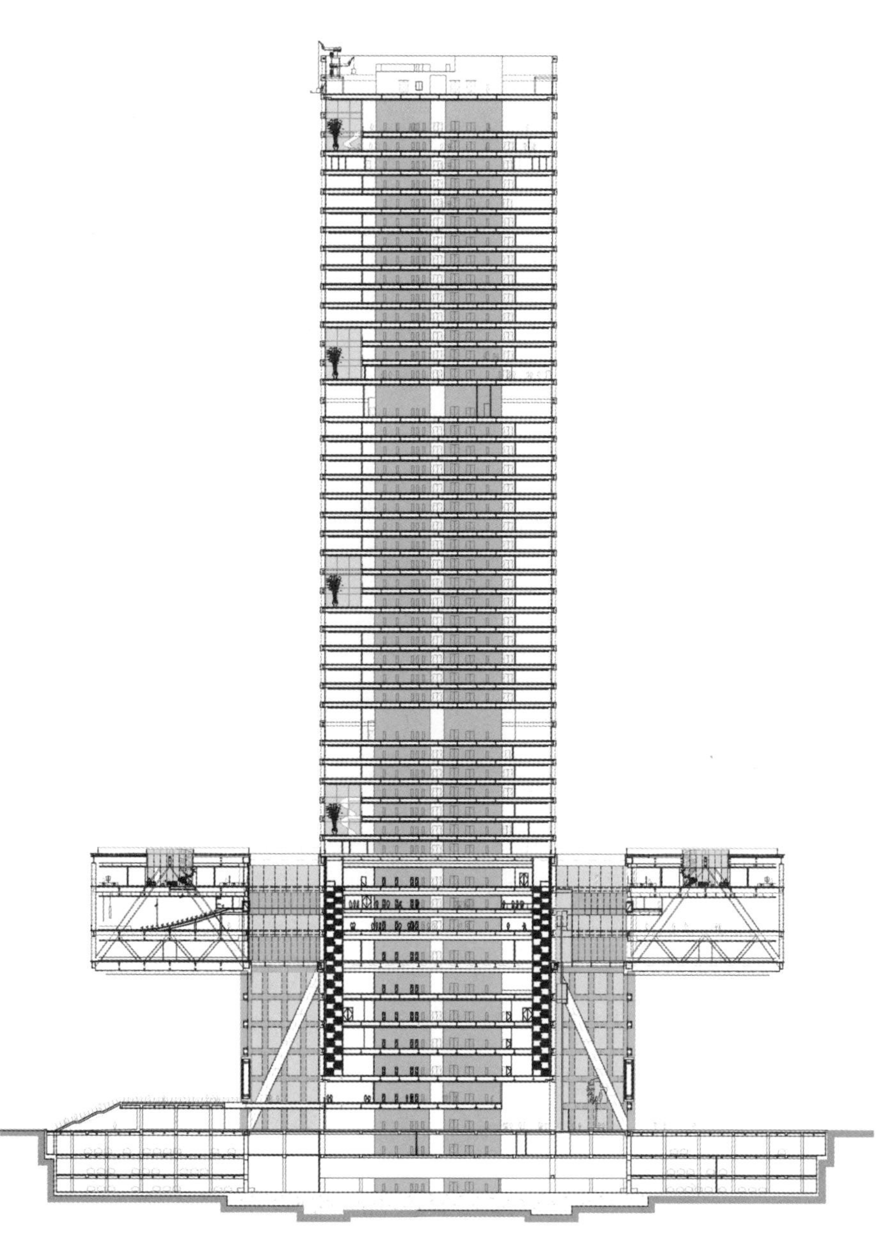

建筑剖面图

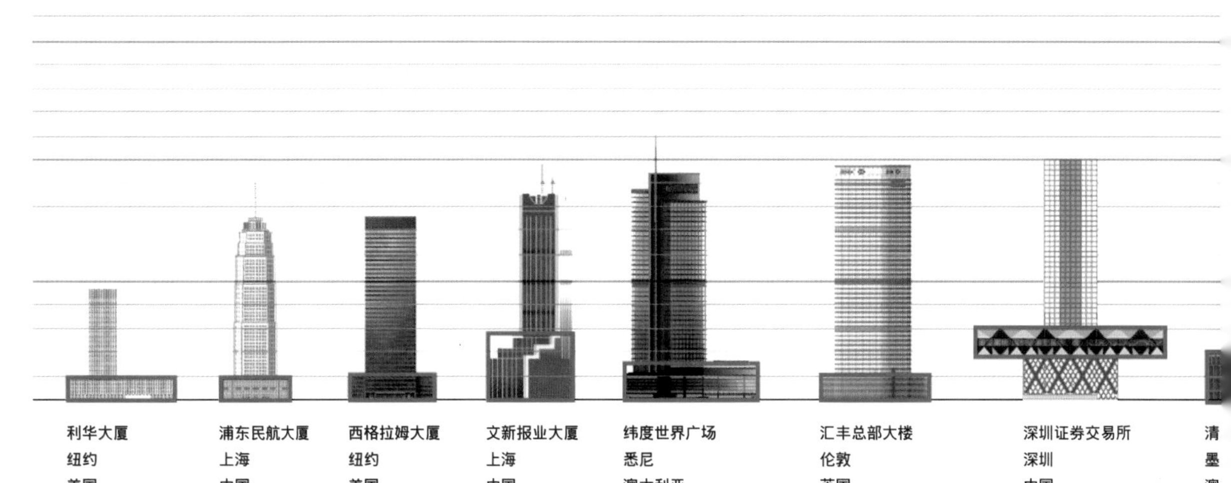

利华大厦	浦东民航大厦	西格拉姆大厦	文新报业大厦	纬度世界广场	汇丰总部大楼	深圳证券交易所	清
纽约	上海	纽约	上海	悉尼	伦敦	深圳	墨
美国	中国	美国	中国	澳大利亚	英国	中国	澳
92m	155m	156.9m	169.6m	190m	199.5m	200m	20
1952	2001	1958	1999	2004	2002		20

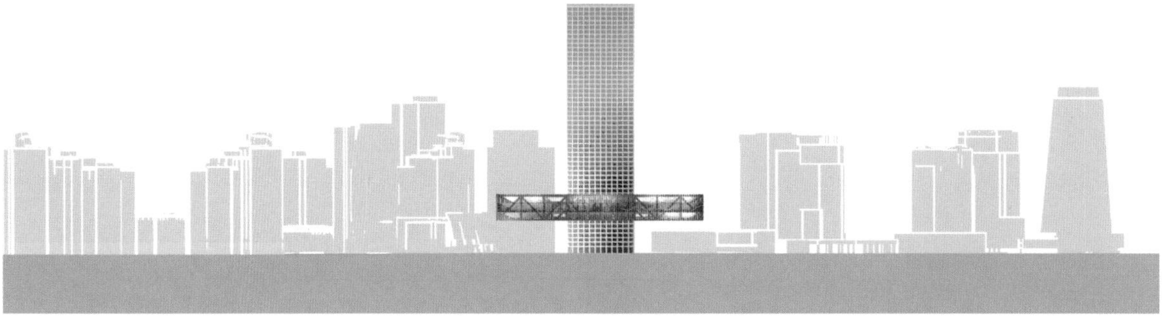

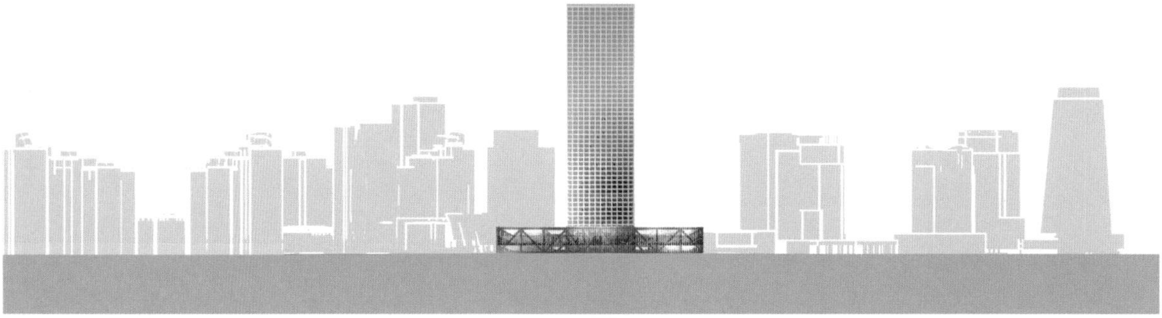

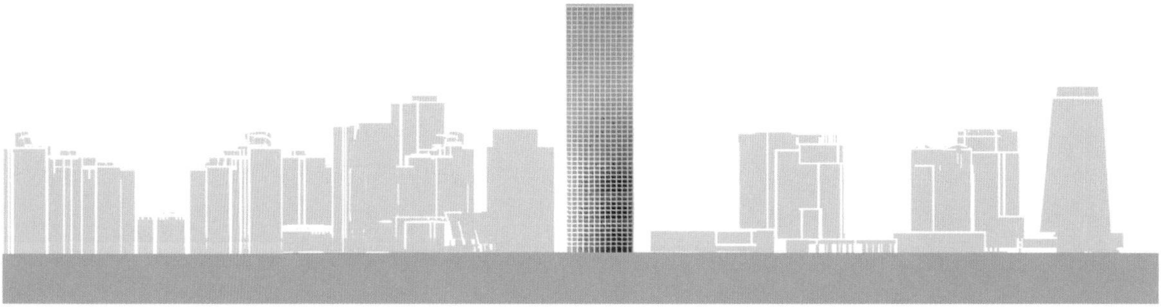

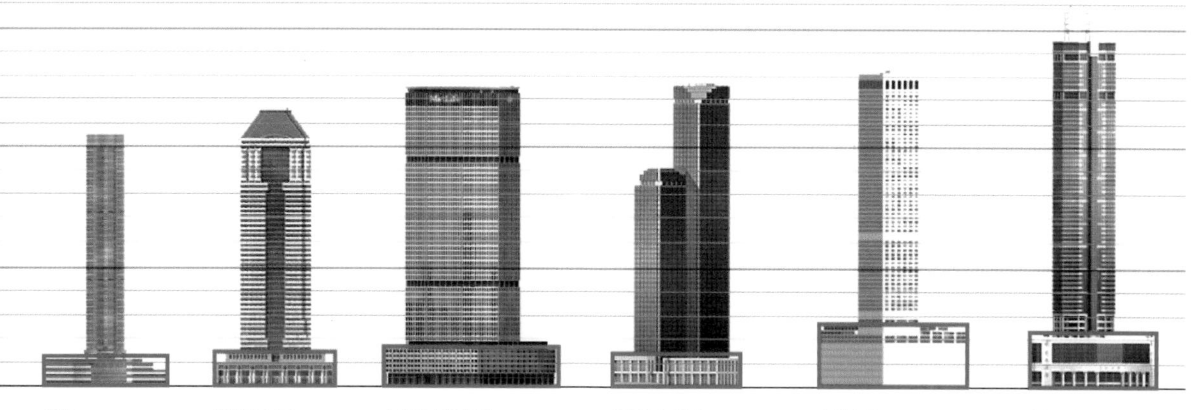

御峰
香港
中国
206m
2001

华尔街大厦
纽约
美国
227.1m
1989

大都会人寿大厦
纽约
美国
246.4m
1963

丽爱图观景台
墨尔本
澳大利亚
251.4m
1986

水塔大厦
芝加哥
美国
261.8m
1976

赛格广场
深圳
中国
291.6m
2000

项目地下3层、地上46层，建筑总高度245.8米，总建筑面积267 000平方米。项目并非一个容纳办公室的交易场所，而是一个拥有虚拟元素的办公室，象征并显示证券市场的交易过程。

开放性设计理念 雷姆·库哈斯说："一座城市像证券交易所这类机构的建筑，往往是被设计得比较封闭的，让外界没有办法接触它。但在深圳这座开放的城市，本项目的设计理念则突出了开放性，为人们更好地利用这栋大楼的空间环境提供了很多可能性。项目将以一种'欢迎人'的姿态，与深圳这座城市以及工作生活在这里的人形成巧妙、恰当的关系。"

十字形建筑 从空中俯视，新大楼布局则呈现为一个巨大的十字形。这栋建筑造型可谓是简单且独特，中间一栋截面为正方形的塔楼高高矗立，最为特别的是其围绕塔楼的裙楼没有"拔地而起"而是悬空在塔楼的中下部，裙楼下留下了悬空的与地面间隔的部分。

建筑亮点——"漂浮平台" 项目由塔楼和"漂浮平台"两部分组成。与别的建筑不同的是，立柱形的大厦中下部，建筑的底座被抬升至30多米高，形成一个巨大的"漂浮平台"。该平台高24米，设有3层主楼层、1层夹层和可上人的屋顶花园，将成为深圳证券交易所的主要交易场所，未来主要作为上市大厅、国际会议厅、贵宾室、办公室等用途。

据介绍，耸立在空中的"漂浮平台"东西向悬挑36米，南北向悬挑22米，该平台面积达到15 800平方米，是世界上最大的悬挑结构，成为"世界上最大空中花园"。

"大胆造型的背后，是对传统建筑施工技术的严峻挑战，"王朝阳说，"'漂浮平台'钢结构总用钢量2.8万吨，重量比中国第一栋钢铁大厦深圳发展中心还多1万吨，要在30多米高空悬空建造，科技含量和施工难度非常大。"

立面材质——压花玻璃 大楼普通的长方形造型遵循周边同类大楼的建筑形式，但深交所大楼外立面的设计却很独特。大楼的结构是一个刚毅的骨骼型网格，被压花玻璃表皮包裹，而这种玻璃是首次以此规模被运用于室外。压花玻璃在将建筑施工的细节和复杂性表现得神秘微妙的同时，并因塔楼对光线的不同反应而创造出层次：明媚的阳光下看似水晶，阴天里却又显得沉静，黄昏时显得迷离，细雨中散发微光，而夜晚焕发出光芒。

绿色三星级建筑 深圳证券交易所是中国首批绿色三星级建筑之一，运用了被动式的遮光手法，使用嵌壁式的窗户，形成一个较"深"的立面，减少进入大厦的热能，改善自然光照明，同时减低能源消耗。当内部空间处在非使用中时，智能照明系统会自动关掉室内照明。大楼亦使用雨水收集系统，当中的地景采用可渗透设计，收集雨水，减少流失。

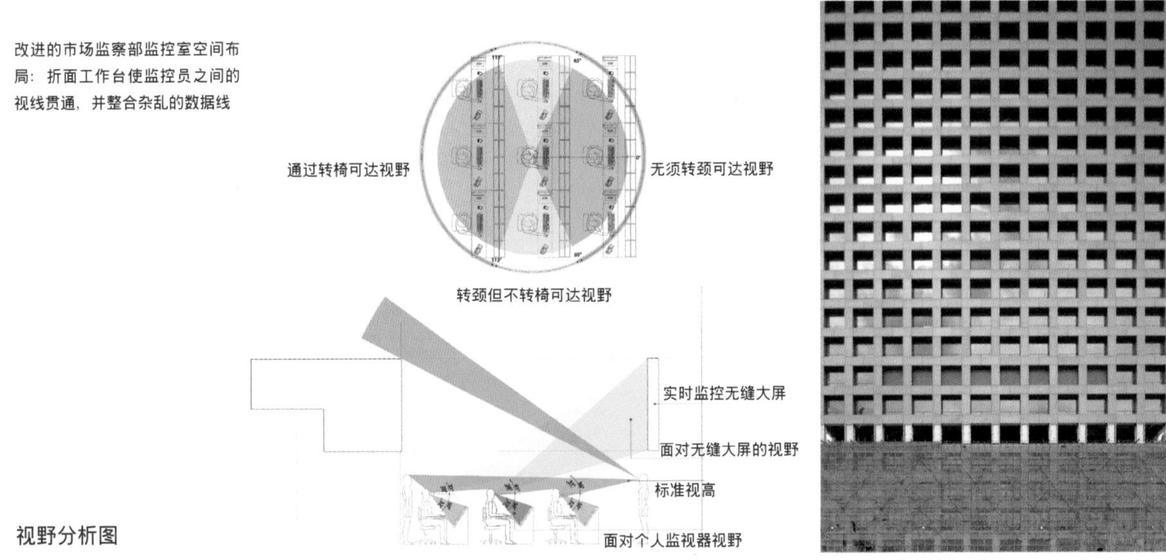

改进的市场监察部监控室空间布局：折面工作台使监控员之间的视线贯通，并整合杂乱的数据线

视野分析图

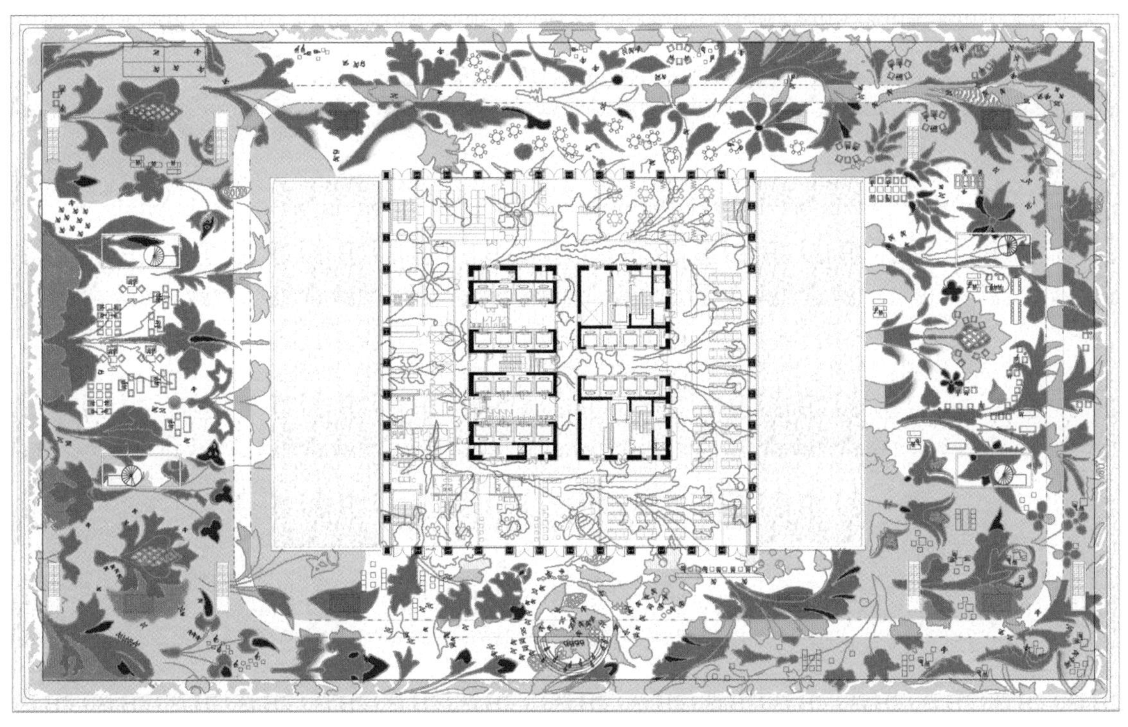

招商银行

后期运营 项目于2011年8月正式完工，作为现代化的多功能综合办公大楼，其内部配套包括：自用办公楼层、出租办公楼层、上市大厅、多功能会议室、电化教室及典藏中心等不同的功能。就出租办公楼层的运营情况而言，月租金为180元/平方米，物业费为每月16元/平方米。

雷姆·库哈斯

代表作 法国图书馆(1981年)、拉维莱特公园(1982年)、波尔多住宅(1994年),荷兰驻德国大使馆(1997年),美国纽约现代美术馆加建(1997年)、西雅图图书馆(1999年),中国北京中央电视台新楼(2002年)、广州歌剧院(2002年)等。

设计特色 从现今的建筑学潮流上看,在建筑界普遍对现代建筑进行了反思,全球的思想界普遍对现代性问题进行了反思以后,渐渐地温和化了。雷姆·库哈斯是身处在这个潮流之外,他的方法是让现代化更加现代化。

雷姆·库哈斯总是强调自己的建筑创作是基于逻辑和功能的,而非人们通常所认为的形式,但人们对雷姆·库哈斯建筑的第一和最深刻的印象却往往来自于其超人想象的造型。这种回归建筑本质的功能先行与建成后的形式的冲击,所形成的有趣悖论,也许正是雷姆·库哈斯成功的高妙手段。

有评论家认为:雷姆·库哈斯所引领的"大都会建筑运动"是依赖于其所在的大都会既有的社会结构,使大都会得到它自己特有的建筑;大都会建筑通过建筑链接了大都会盘根错节的复杂关系,加剧了旧有事件之间的摩擦、碰撞、融合,使建筑本身成为城市某种程度上的中心,或者一个独立的"城中城"。

雷姆·库哈斯认为,建筑师表面上拥有"创造这个世界"的权力,而事实上"为了将其构想付诸实施又必须引起业主的兴趣",这种矛盾作用让他将建筑称为"全能和无能的混合物"。他主张通过了解和接受在我们周围发生的事物,从不同角度、不同方面、不同方式,来重新确定建筑在这个时代所处的位置以及建筑所能做的一切。

法国波尔多住宅

美国西雅图图书馆

中国北京中央电视台新楼

1 编者注　深圳证券交易所。深圳证券交易所成立于1990年12月1日，是为证券集中交易提供场所和设施，组织和监督证券交易，履行国家有关法律、法规、规章、政策规定的职责，实行自律管理的法人，由中国证券监督管理委员会监督管理。深圳证券交易所的主要职能包括：提供证券交易的场所和设施，制定业务规则，接受上市申请、安排证券上市，组织、监督证券交易，对会员进行监管，对上市公司进行监管，管理和公布市场信息，中国证监会许可的其他职能。

朝鲜柳京饭店

编辑观点：与建筑本身的争议性相比，柳京饭店的建筑过程同样让人纠结，从1987年动工到2012年建成，柳京饭店历经25载，其一举一动都折射出朝鲜的经济变化。然而在平壤落成如此宏伟的特级饭店却具积极意义，它将会对朝鲜开放起到一定的催化作用。

业主：朝鲜政府 **投资商**：朝鲜政府、ORASCOM集团 **运营商**：德国凯宾斯基集团

建设单位：朝鲜白头山建筑工程公司 **项目地点**：朝鲜平壤

占地面积：360 000平方米 **建筑面积**：537 000平方米 **工程造价**：约27.5亿美元

开工时间：1987年 **建成时间**：2012年

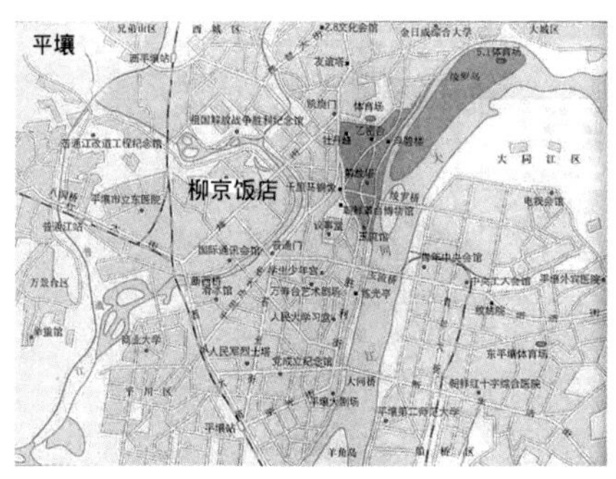

项目定位 据朝鲜政府最初计划，柳京饭店一旦建成，将成为平壤最显眼的地标建筑，据称它也将成为全球最高饭店。

柳京饭店高约330米，总共105层，斜面角度为75度，外形酷似埃及著名的"金字塔"。它不仅仅是一个酒店，还包括旋转餐厅、酒店住宿、公寓及夜总会等商业设施，包含3 000个客房和7座旋转餐厅。

据报道，朝鲜政府曾一度大力宣传柳京饭店。当时朝鲜还曾为该饭店单独发行了邮票，甚至在饭店动工前，所有的朝鲜地图上都标有"柳京饭店"的字样和位置。停工后，朝鲜政府甚至一度否认柳京饭店的存在，并删除了所有朝鲜地图上的"柳京饭店"标注。

区域位置 项目位于朝鲜首都平壤。柳京饭店以平壤的古名"柳京"为名。因为历史上平壤柳树最多，所以叫柳京。在朝鲜的建设蓝图上，平壤将成为一个国际化大都市，除了柳京饭店外，一条名为"金刚街"的商业街及配套的居民公寓楼也将同期建成。

平壤城市文化特色 平壤市是朝鲜民主主义人民共和国首都，正式名称为"平壤直辖市"，地处大同江下游平壤平原和丘陵的交接处，东、西、北三面是起伏的丘陵。平壤因有部分土地在平原上，故称平壤，即"平坦的土壤"之意。

平壤的一大特色是政治性的雕塑、纪念碑、标语琳琅满目，遍及全城。对于这样一个政治色彩极为浓厚的国家，柳京饭店的建设无疑具有极强的政治目的性。朝鲜政府计划柳京饭店在2012年4月15日前竣工开幕，以纪念已故朝鲜国家领导人金日成诞辰100周年。

前期沟通——通过项目建设吸引西方投资者 按当时朝鲜政府要求，大厦建成之后，将是世界上最高的饭店、第七高的大楼、最大的金字塔式建筑物、世界上位于纽约和芝加哥以外的首个高于100层的建筑、亚洲层数最高的建筑。

最初朝鲜政府是想通过柳京饭店引进第一批西方投资者，并表示投资者会得到关照，可以在饭店中添设赌场、夜总会等休闲场所。在项目中断施工期间，朝鲜政府一直在积极寻找着投资者。

随着柳京饭店被埃及奥斯康电信集团接手重修后，柳京饭店正式确定为集高级酒店和写字楼的复合型建筑，其中1～3层为大堂、餐饮和购物场所，上面是写字楼，建筑物的最高层将被设计成客房。

有舆论认为，埃及奥斯康电信集团承接柳京饭店的续建工程，是在为今后进入朝鲜市场铺路。

作为朝鲜首都平壤的标志性建筑之一，柳京饭店的建设初衷是打造全球最高酒店，然而由于资金的不足导致项目在仅完成主体框架的情况下而停工16年，如今这座外形酷似埃及著名的“金字塔”的建筑终于完整地展现在人们面前。

争议点1：
摩天大楼的外形与结构框架的矛盾。

柳京饭店于1987年开始建造，原计划在1989年完成，最初预算是7.5亿美元。后来因资金短缺于1992年停工，当时饭店混凝土外壳已建成，但窗户和外墙都还没有装，也没有进行任何内部装修。它被称为"世界最大烂尾楼"。驻韩欧盟商会考察该建筑并得出结论，由于混凝土质量问题造成地基下沉，如果要恢复建设恐怕需要对框架进行重新翻修。

2008年，埃及电信巨头奥斯康电信集团对其投资续建。柳京饭店为三角金字塔式建筑，斜面角度为75度，总共105层，高约330米，楼面总面积360 000平方米，混凝土结构。项目的建筑外形虽酷似"金字塔"，但它的安全性从来没被验证为可供人居住，大楼没有装上窗户及外墙模板，亦无任何内部装置。

朝鲜最高楼柳京饭店的内部照片日前首次曝光，施工人员暗示已经开建25年的柳京饭店距离竣工"仍需两三年"。2012年9月23日，专营朝鲜旅游的"高丽旅行社"的英国籍工作人员进入了在建的柳京饭店的施工现场。虽然饭店的外部施工基本完成，但内部装修还远未完工。从旅行社公布的照片可以看到，饭店内部的大厅还处于水泥钢筋裸露状态，没有铺设管线或者装潢的迹象。

如今，韩国的一些建筑专家认为，柳京饭店的设计先天不良，他们对饭店的结构持怀疑态度，有的人甚至认为，硬要将柳京饭店盖起来，恐怕有倒塌的危险。

争议点2：
设计目的与实用性不一。

柳京饭店的建设是朝鲜政府对当时“亚洲摩天大楼热”的跟风，尤其是对韩国在新加坡投资兴建“Stamford饭店”的回应。

据猜测，饭店是由金正日拍板兴建，用作对外国炫耀朝鲜实力。事实上，决定兴建柳京饭店时，平壤每年只有数千名外国游客，实际需要难以解释为何要建造有3 000间房间的大饭店。

项目虽未能成为全球最高饭店，但是却成为全球最高的空置建筑物，并且已保持此项纪录超过十年。更糟的是朝鲜常年的干旱、饥荒将导致这个五星级饭店运营起来极其困难。

从实用的角度讲，平壤全年接待的游客也不一定会超过3 000人，照此推算，在完全不存在任何形式的市场竞争的条件下，该饭店的利用率大概在三百分之一左右。另外据韩国媒体预计，要将柳京饭店修缮完毕并且保证其安全性，需要20亿美元。这也是朝鲜每年国内生产总值总量的10%。

其他建筑师评价　韩国首尔延世大学建筑学教授Lee Sang Jun表示:“饭店的设计并不好。几乎不具备标志性,也并没有里程碑式的壮美,只是一味地庞大。”

媒体评价　由于柳京饭店的外形怪异,它曾被美国Esquire杂志评为“人类史上最丑建筑物”。2012年1月4日,美国有线电视新闻网(CNN)旗下的旅游生活网站(CNNGO)将柳京饭店评为“全球十大最丑建筑”第一名。

民众评价　一个令人惊骇的建筑物,它的底部硕大无比,顶部瘦小尖细,直插天外。它的躯体四周钻满了密密麻麻的针孔一样的小窗子,整个建筑物宛如一个被忠实地放大了数亿倍的白蚁巢穴。

项目占地面积360 000平方米，建筑面积537 000平方米，高330米，地下4层，地上101层，合计105层。±0.0以上总高度为334.2米（不包括顶部30米高塔桅），为目前世界最高的钢筋混凝土建筑。

建筑设计——三角金字塔式建筑 柳京饭店大楼为三角金字塔式建筑，底部形状为不规则的椭圆形，斜面角度为75度。项目始建于1987年的柳京饭店，最初预计花费7.5亿美元，这个数字相当于朝鲜GDP的2%。当时，朝鲜白头山建筑工程公司负责该工程建设，并利用了法国的技术和资本。

埃及电信巨头奥斯康集团接手柳京饭店的重修后给这座混凝土外壳加上了玻璃幕，并安装了通信天线。

结构设计——小开间钢筋混凝土剪力墙、8级抗震 主体结构采用小开间钢筋混凝土剪力墙结构[1]，底部为箱形基础。结合建筑平面特点，中部核心圆筒到顶，3条外伸腿部有14个开间(长约56.4米)与主筒相连，伸缩缝处自地下4层到地上27层另设独立的剪力墙结构。箱基底板为4米厚交叉梁系。

结构设计考虑抗震设防烈度为8度(平壤市基本烈度为7度)，并考虑了竖向温度应力的影响，按两个阶段分析：第一阶段为施工时的常温和外露状态下，第二阶段为玻璃幕墙完成后的使用状态下。墙体配筋[2]考虑了温度应力的影响。

抗震设计时做了总体理论分析和模型试验，还对主体结构做了激振下的自振特性实测。理论分析和激振实测的基本周期相近。

主体结构中，基础、竖向结构和平面楼盖均为现浇钢筋混凝土。地下部分墙厚一般为50～60厘米，最小为30厘米。外墙底部最厚为70厘米，顶部为25厘米。墙体底部混凝土最高强度等级为C45，往上逐步减小至C20，楼板均为C20。墙板交接处混凝土强度与墙体相同。墙体底部一般竖向配筋为ϕ22@250或ϕ25@250。

滑模施工情况 竖向剪力墙结构采用液压滑模施工。共采用2100多台液压千斤顶，每台千斤顶最大承载力5吨，分6个区段由中央操纵室集中控制。支撑杆直径为ϕ28～ϕ30，中距2～3米，埋入墙体不回收。滑升速度为20～30厘米/小时。

模板尺寸：外模板高1300毫米，内模板高1100毫米。

混凝土在底层搅拌，由4台混凝土泵通过150毫米直径的管道向上分段泵送接力。混凝土泵为德国产品。混凝土坍落度为8～12厘米，常温施工加减水剂。如发现混凝土有离析现象时，可再复合搅拌使用。混凝土浇灌后用震捣器[3]震捣。

混凝土养护，采用模板中设水管注水下流。混凝土冬期施工时，除掺加防冻剂外，并在模板中设热气管道保温。

当上下墙厚变截面时，由滑模水平伸缩装置自行调整。三叉端部的倾斜外墙，采用斜模板滑升。

支撑杆接头采用对接焊，需滑升过后再焊。

滑升竖向偏差：用激光装置测定，实际偏差为总高的万分之一（要求<1/3 000）。

设备设计 主楼除地下外，地上大体隔20层左右设两层设备层，其中有一层主要解决对客房层的消声及隔振。

采暖应用空气暖房方案。热电厂一次水进入设备层进行水气交换成为二次水，通过加热空气、控制湿度后由中央供热区分别送往各房间。每个房间内另设加热器，用以调节室内温度。室内通风换气采用自然方式，客房厕所采用机械方式。

给排水设计：城市有专线供水系统进入本工程贮水池。供水系统分为生活用水和工业用水两种，水池也相应分为两种。雨水排放为分段调节后排放，每段内设调节贮水池。供水分为低层、中层、高层和超高层四种。每十层为一个供水单位，每单位(五层)为一供水段，可以调节。每十层设有水箱间，分设冷热水箱，由地下泵房分送各层。

消防系统有自动灭火的喷洒系统、消防水箱和每个房间内的灭火器三套系统，每十层为一个消防单元。

电梯共设80部，其中52部为客梯，其他为消防梯和工作梯，按速度分为三类：高速梯300米/分，中速梯200米/分，低速梯60米/分。在端部还设有3部斜向观光梯。

功能分区　柳京饭店约设3 000套客房、6 000张床位。地下为服务设施和设备用房；1~6层为公共用房；7~80层为客房层，局部为设备层；81层以上有5个旋转层，内设气象、消防、展望、观测等用房。主要客房分3类：三间套房，每套83.3平方米；二间套房，每套53.5平方米；一间套房，每套25.3平方米。左右两侧裙房设有会议中心、食堂和宴会厅等，可同时容纳4 000人。

后期运营 作为朝鲜首都平壤的标志性建筑之一，一度停工的高达105层的柳京饭店备受外界瞩目。德国凯宾斯基集团董事长2012年10月31日在韩国首尔表示，柳京饭店将由该集团负责运营，并计划2013年七八月正式营业。酒店将开放商店、写字楼、舞会厅、餐厅以及150个客房。

1 编者注　剪力墙结构。一般矩形平面或准矩形平面的高层建筑，其墙体布置按承重情况可以分为小开间横墙承重方案、大开间横墙承重方案以及大间距纵横墙承重方案。

2 编者注　配筋。配筋是建筑中房屋等的钢筋配制情况，一般用图形表示。根据配筋图确定建筑中钢筋使用的位置、形状以及钢筋的型号等。

3 编者注　震捣器。用混凝土拌合机拌和好的混凝土浇筑构件时，必须排除其中气泡，进行捣固，使混凝土密实结合，消除混凝土的蜂窝麻面等现象，以提高其强度，保证混凝土构件的质量。混凝土振捣器就是机械化捣实混凝土的机具。

西班牙都市天伞

编辑观点：**建筑就像是一种催化剂，不仅促进日常生活，也引起了人们重新思考所谓的空间条件，如果放下对于建筑设计的刻板印象，或许有更多的可能性诞生，就像都市天伞的完工，它代表的是一种现代的广场建筑形式的诞生。**

由波动起伏的木板组合而成的有机形态构成了整体建筑，并与周围中世纪风格的建筑形成了鲜明对比。作为当今规模最大也是最具革新精神的木结构建筑，其阳伞一样的形态从这个历史悠久的地块中生长出来，变为一座当代的地标性建筑并重新定义了这一地区，将传统与现代并置融合。

奖项

2005年，获得欧洲地区HOLCIM可持续建筑奖铜奖

2013年，成为欧盟当代建筑奖最终入围的5个项目之一

设计师：于尔根迈耶·赫尔曼 **建筑设计**：迈尔建筑事务所 **工程顾问**：奥雅纳公司

项目地点：西班牙塞维利亚 **建筑高度**：28.5米 **建筑层数**：4层 **结构**：混凝土、木材和钢铁

外部主要材料：木材、花岗岩 **内部主要材料**：混凝土、花岗岩、钢铁 **占地面积**：18 000平方米 **建筑面积**：5 000平方米 **工程造价**：9 000万欧元

设计时间：2004—2005年 **开工时间**：2005年 **建成时间**：2011年

项目定位 项目定位为城市综合性的公共中心，作为本市的一个新地标性建筑，进一步巩固塞维利亚作为西班牙最有魅力的文化目的地的地位。

区域位置 项目位于西班牙安达卢西亚自治区塞维利亚市恩卡纳西翁广场。塞维利亚市位于伊比利亚半岛南部、瓜达尔基维尔河下游谷地，南距大西洋加的斯湾约120千米。

塞维利亚城市文化特色 塞维利亚是西班牙西南部的古都和工商业、文化中心，今安达鲁西亚自治区和塞维利亚省的首府。面积并不大，但却是西班牙第四大都市和南部地区的第一大城市，都市人口约130万，是西班牙唯一有内河港口的城市。瓜达尔基维尔河从市中穿流而过，古市区的建筑仍然保留着几个世纪前摩尔人统治过的痕迹。

如今，塞维利亚的主要工业有造船、飞机和机械制造业以及电器、石油化工生产地和棉毛纺织、卷烟与食品加工业等，是享誉世界的名酒“雪莉酒”的出产地；南部地区为交通枢纽；城侧保存有许多气势恢弘的古老建筑。

前期沟通 这个巨大的蘑菇广场能够建成，经历了多番周折。据悉，自19世纪以来，项目原址上本为一座旧修道院。1973年，根据市区重建计划，修道院最终被拆除。1990年，西班牙政府决定在此兴建地下停车场之上的市场空间。

项目最初的设计方案是修建为一个停车场，但是在挖掘地基的过程中，竟然发现了腓尼基[1]时代的文物，为了保护地下的考古遗迹，当地政府决定将此地改建为一个公共广场。

2004年，针对历史遗址，且为了创造一个迎接八面游客的空间，举行了设计竞标大赛，最终由德国设计师于尔根迈耶·赫尔曼中标。

由于必须兼顾保存古罗马遗迹的功能以及需要作为市民活动的区域，让人与环境形成一种相互影响与互动的状态。经过多轮方案推敲，迈尔建筑事务所在文物区域的外侧设计了3根巨大的混凝土筒结构，支撑着轻质的木结构天棚，完美地将梦幻外形和实际功能相结合。

最终，修改后的方案由6个蘑菇状的单体组成，它们彼此连接形成了包括博物馆、农贸市场、文化中心、餐厅酒吧在内的建筑群，市民和游客可以在巨大的阴凉下散步休闲，同时还可以欣赏历史遗迹，也可以登上建筑屋顶，以独特的视角观赏城市风光。

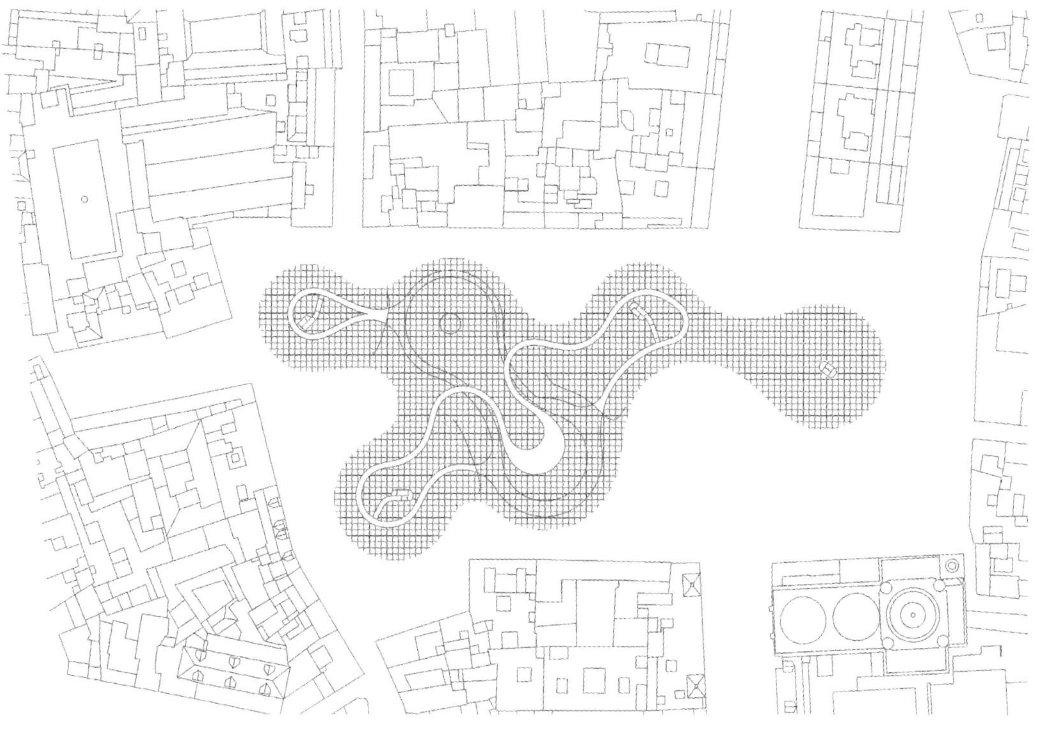

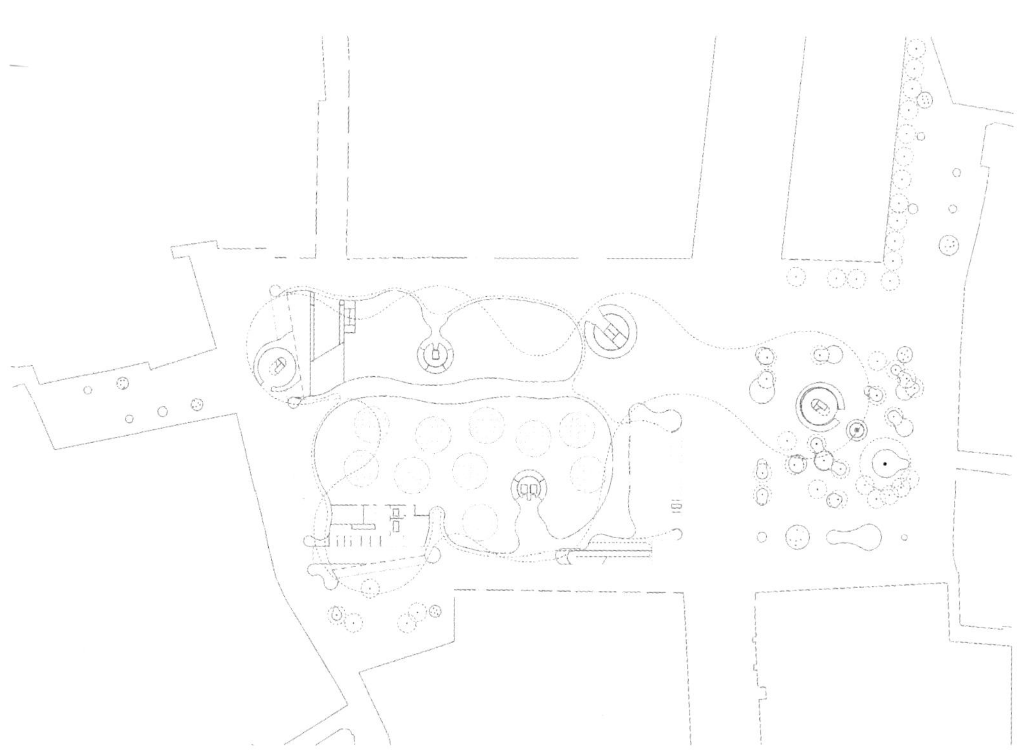

俯视剖面图

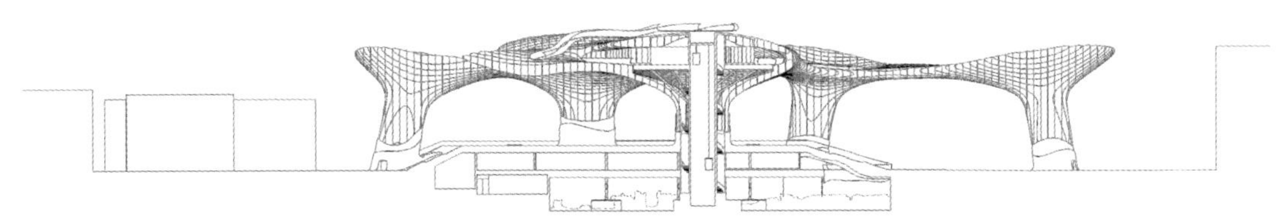

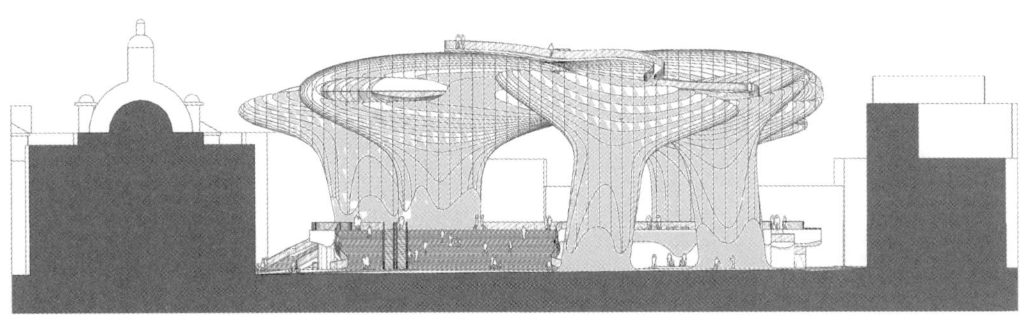

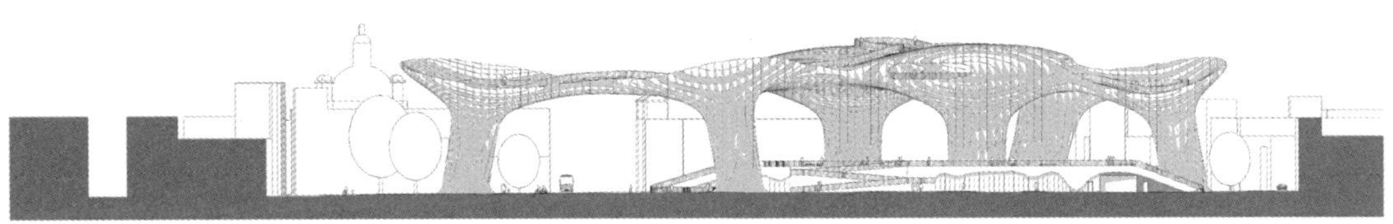

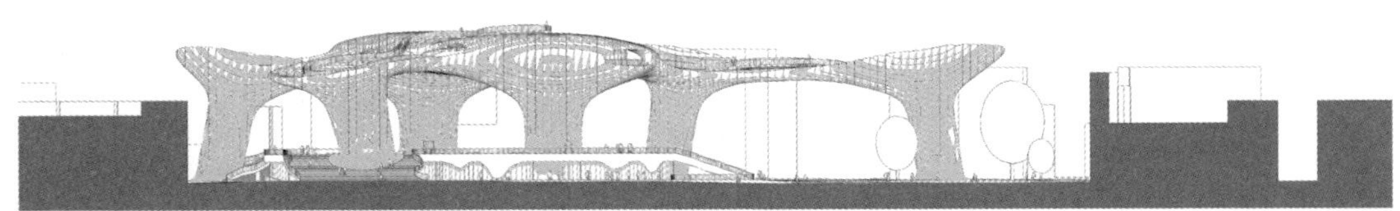

侧面剖面图

都市天伞，是西班牙塞维利亚的一座广场改造项目的主体工程，尽管项目设计极具未来主义色彩，建筑所使用的材料却十分简单，基座是混凝土柱，顶部的木制结构是工艺最复杂也最为耗时的部分，超大面积顶棚采用独特的蜂窝状结构，看起来像腾空而起的蘑菇云。

争议点：
耗资巨大，耗时过长，独特外形有悖于功能性需求。

顾名思义，都市天伞能够遮阳，给整个塞维利亚恩卡纳西翁广场带来阴凉，同时提供了办公场所、音乐会及其他娱乐活动的场所。

对于这种类型的标志建筑，公众持有一定异议，认为像这样自我色彩强烈的建筑有悖于城市风光所要求的功能性以及与周边环境的融合性。早在项目规划时期，当地居民就对这样一个建筑颇有微词，认为这样对一个历史文化名城是一种侵扰。

在项目动工后，由于耗资巨大、耗时过长，且西班牙政府的财政不足，使得该项目成为激烈争论的焦点，同时遭到了建筑师和公众的严厉批评。

事实上，虽然项目的大体量受到质疑，但设计师认为其几何外形是与周边环境融合在一起的。建筑顶部华盖能提供360度观赏视野，与周围历史建筑相得益彰；其圆柱的摆放位置以及外部曲线在某种程度上很好地迁就了建筑下方的一个考古点。

项目的建筑师声明：建筑外形受到塞维利亚大范围分布的教堂穹状结构的启发，旨在建造一个民主的无墙式教堂。

这样一种声明已经受到年轻塞维利亚人的响应，他们选择将这里作为聚会地点，抗议政府裁减预算与社会高失业率。或许这样一个标志性的建筑，衡量其成功与否应从社会效用上入手，看其能否改变人们的生活方式以及对公共设施的使用。

其他建筑师评价 同行建筑师认为，有机交叉和波浪形的木板构成了这个城市空间，并和周围的中世纪环境形成鲜明的对比。项目的基座使用的是混凝土，上层则是木质结构，这是现代最大、最具创意的木质结构之一。

媒体评价 媒体认为，这个由混凝土和木材组成的巨大伞形结构建筑，它将成为塞维利亚新的城市中心，作为一个地标建筑，它象征了城市的文化内涵。

民众评价 在项目建设之初，广大市民认为该建筑不像其他建筑那样实用，充其量更像是一个城市景观。然而在建成后，民众认为，它像是一朵巨大的、充满浪漫主义色彩的蘑菇云。

Evolución es Revolución
Revolución es Evolución

项目的设计极具未来主义色彩，近5 000平方米的蜂窝状木制顶棚，使其成为世界上规模最大的木结构建筑，为小城居民撑起了一把巨型阳伞。项目采取这样一个震撼的设计是为了效仿古根海姆效应[2]，吸引大众与游客的眼球，同时促进塞维利亚的经济与文化复兴，进一步巩固塞维利亚作为文化旅游景点的地位。

设计灵感 当建筑被安置于城市之中，人们自然必须认识城市的文化与脉络，而都市纹理也成为建筑设计上寻求灵感的一种方式。

项目如同蘑菇般的天伞造型，其设计的灵感来自于塞维利亚城市的氛围、拱型教堂以及摩尔人的装饰、安达鲁西亚特有的格栅手法与大片广阔的森林；并且由于塞维亚炎热的气候，在建筑物的空地上方也可见许多防热布幔。

屋顶结构 关于屋顶的几何结构，一开始设计师决定采用同心圆布局。但为了能实现同质化外在以及支撑柱与屋顶表面能够自然过渡这样一个效果，规划人员最终决定采用清晰的垂直布局，栅格的尺寸为1.5米×1.5米。

材质 对中标方案进行修改后，设计师开始为屋顶结构寻找最合适的材料，并且寿命期最少是50年。经过多方论证，最终确定采用木材，因为其可以抗腐蚀，有很好的强度、硬度与稳定性、负重轻、耐用、维护成本低，对于公众这也是一种可持续环保材料。

规格尺寸 木制格由对角钢板支持，这样就有了框架负重的效果。由于采取这样的几何设计，木板连接处的拉力就以一定合理角度传到木质纹理。这一问题的解决还是利用了相互压制在一起的木板。

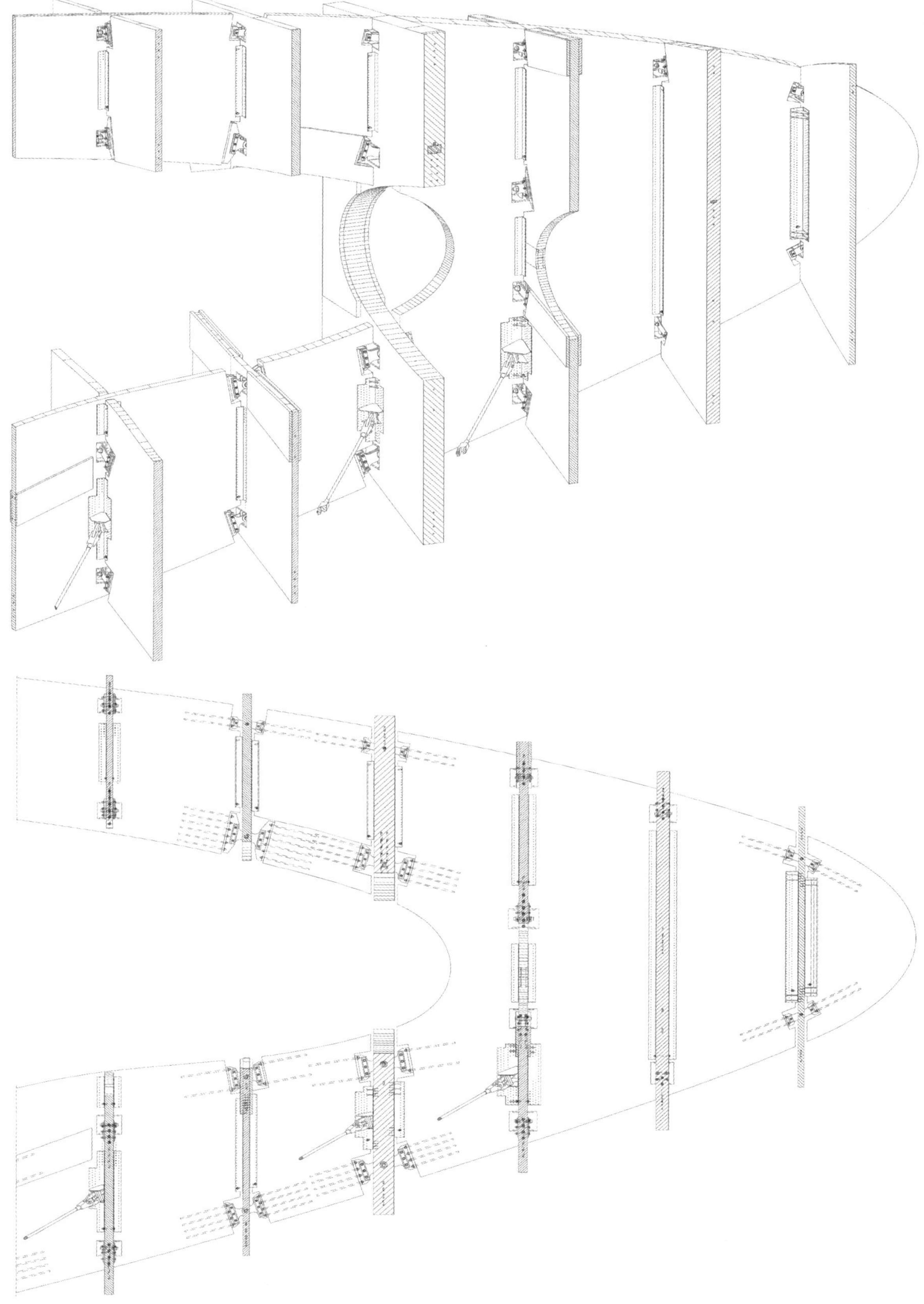

屋顶木板连接示意图

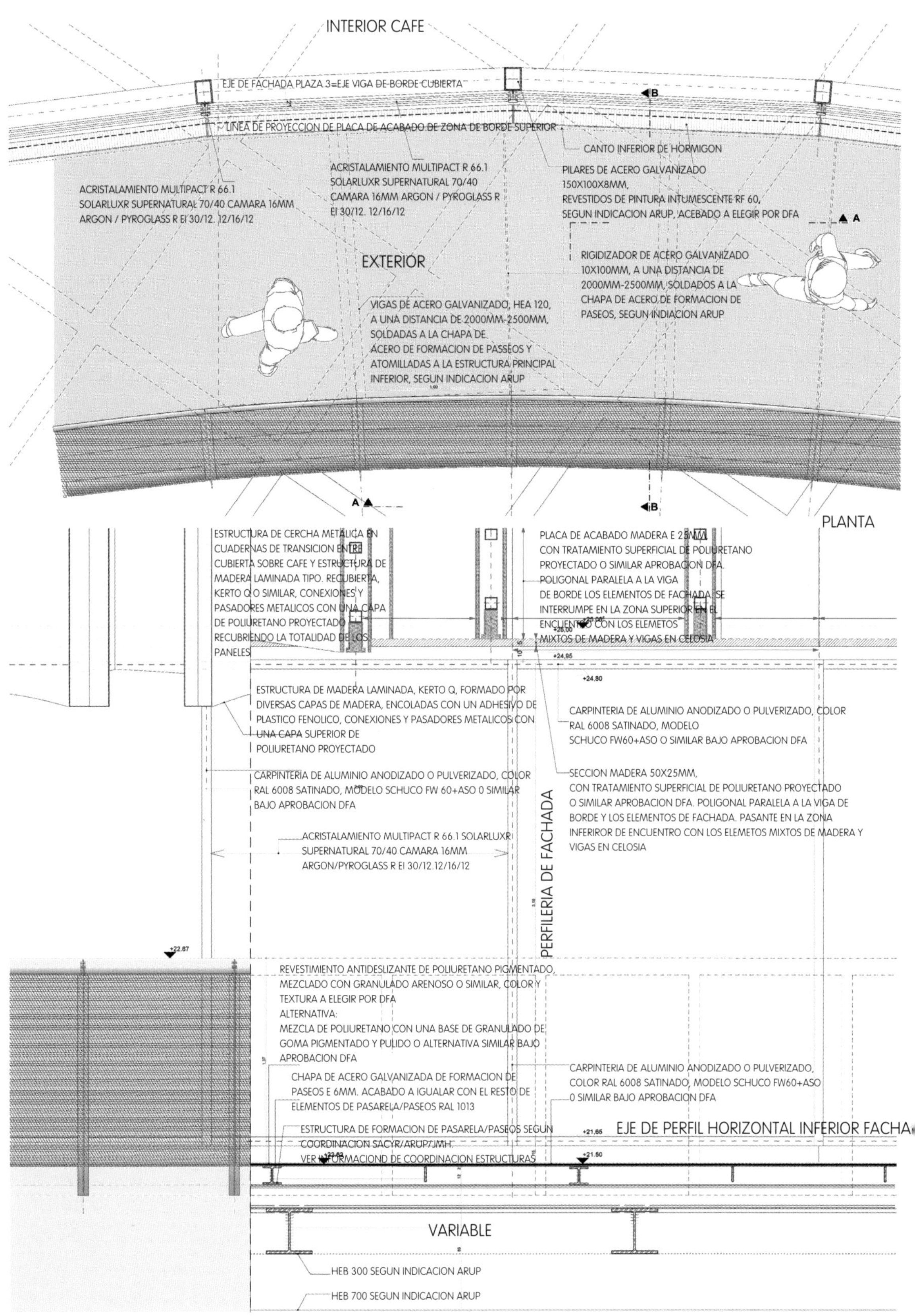
INTERIOR CAFE
EJE DE FACHADA PLAZA 3=EJE VIGA DE BORDE CUBIERTA
LINEA DE PROYECCION DE PLACA DE ACABADO DE ZONA DE BORDE SUPERIOR
CANTO INFERIOR DE HORMIGON
ACRISTALAMIENTO MULTIPACT R 66.1 SOLARLUXR SUPERNATURAL 70/40 CAMARA 16MM ARGON / PYROGLASS R EI 30/12. 12/16/12
ACRISTALAMIENTO MULTIPACT R 66.1 SOLARLUXR SUPERNATURAL 70/40 CAMARA 16MM ARGON / PYROGLASS R EI 30/12. 12/16/12
PILARES DE ACERO GALVANIZADO 150X100X8MM, REVESTIDOS DE PINTURA INTUMESCENTE RF 60, SEGUN INDICACION ARUP, ACEBADO A ELEGIR POR DFA
EXTERIOR
RIGIDIZADOR DE ACERO GALVANIZADO 10X100MM, A UNA DISTANCIA DE 2000MM-2500MM, SOLDADOS A LA CHAPA DE ACERO DE FORMACION DE PASEOS, SEGUN INDIACION ARUP
VIGAS DE ACERO GALVANIZADO, HEA 120, A UNA DISTANCIA DE 2000MM-2500MM, SOLDADAS A LA CHAPA DE ACERO DE FORMACION DE PASEOS Y ATOMILLADAS A LA ESTRUCTURA PRINCIPAL INFERIOR, SEGUN INDICACION ARUP
PLANTA
ESTRUCTURA DE CERCHA METALICA EN CUADERNAS DE TRANSICION ENTRE CUBIERTA SOBRE CAFE Y ESTRUCTURA DE MADERA LAMINADA TIPO. RECUBIERTA, KERTO Q O SIMILAR, CONEXIONES Y PASADORES METALICOS CON UNA CAPA DE POLIURETANO PROYECTADO RECUBRIENDO LA TOTALIDAD DE LOS PANELES
PLACA DE ACABADO MADERA E 25MM CON TRATAMIENTO SUPERFICIAL DE POLIURETANO PROYECTADO O SIMILAR APROBACION DFA. POLIGONAL PARALELA A LA VIGA DE BORDE LOS ELEMENTOS DE FACHADA. SE INTERRUMPE EN LA ZONA SUPERIOR EN EL ENCUENTRO CON LOS ELEMETOS MIXTOS DE MADERA Y VIGAS EN CELOSIA
+24.95
+24.80
ESTRUCTURA DE MADERA LAMINADA, KERTO Q, FORMADO POR DIVERSAS CAPAS DE MADERA, ENCOLADAS CON UN ADHESIVO DE PLASTICO FENOLICO, CONEXIONES Y PASADORES METALICOS CON UNA CAPA SUPERIOR DE POLIURETANO PROYECTADO
CARPINTERIA DE ALUMINIO ANODIZADO O PULVERIZADO, COLOR RAL 6008 SATINADO, MODELO SCHUCO FW60+ASO O SIMILAR BAJO APROBACION DFA
CARPINTERIA DE ALUMINIO ANODIZADO O PULVERIZADO, COLOR RAL 6008 SATINADO, MODELO SCHUCO FW 60+ASO 0 SIMILAR BAJO APROBACION DFA
SECCION MADERA 50X25MM, CON TRATAMIENTO SUPERFICIAL DE POLIURETANO PROYECTADO O SIMILAR APROBACION DFA. POLIGONAL PARALELA A LA VIGA DE BORDE Y LOS ELEMENTOS DE FACHADA. PASANTE EN LA ZONA INFERIROR DE ENCUENTRO CON LOS ELEMETOS MIXTOS DE MADERA Y VIGAS EN CELOSIA
ACRISTALAMIENTO MULTIPACT R 66.1 SOLARLUXR SUPERNATURAL 70/40 CAMARA 16MM ARGON/PYROGLASS R EI 30/12.12/16/12
PERFILERIA DE FACHADA
+22.87
REVESTIMIENTO ANTIDESLIZANTE DE POLIURETANO PIGMENTADO, MEZCLADO CON GRANULADO ARENOSO O SIMILAR, COLOR Y TEXTURA A ELEGIR POR DFA
ALTERNATIVA:
MEZCLA DE POLIURETANO CON UNA BASE DE GRANULADO DE GOMA PIGMENTADO Y PULIDO O ALTERNATIVA SIMILAR BAJO APROBACION DFA
CHAPA DE ACERO GALVANIZADA DE FORMACION DE PASEOS E 6MM. ACABADO A IGUALAR CON EL RESTO DE ELEMENTOS DE PASARELA/PASEOS RAL 1013
CARPINTERIA DE ALUMINIO ANODIZADO O PULVERIZADO, COLOR RAL 6008 SATINADO, MODELO SCHUCO FW60+ASO 0 SIMILAR BAJO APROBACION DFA
ESTRUCTURA DE FORMACION DE PASARELA/PASEOS SEGUN COORDINACION SACYR/ARUP/JMH VER INFORMACIOND DE COORDINACION ESTRUCTURAS
+21.65
EJE DE PERFIL HORIZONTAL INFERIOR FACHA
+21.50
VARIABLE
HEB 300 SEGUN INDICACION ARUP
HEB 700 SEGUN INDICACION ARUP
ALZADO EXTERIOR

SECCION VERTICAL B

实验论证 同估算阶段同步进行的是，是实验确定1.3兆牛的负重如何传导到木结构。标准的穿孔金属板太笨重与脆弱。采用660毫米的穿孔杆可以解决问题，因为它黏结在木材中可以固定金属凸缘。电脑模拟表明木制结构的温度可能会超过60摄氏度的极限。为了增强环氧树脂黏结剂的牢固性，并且使木材温度从70摄氏度变到80摄氏度，在多家研究院的通力协作下，采用了回火工艺，这是该技术首次运用在木制结构中。

数字规划 建筑师、结构工程师以及木材施工公司之间整合规划的决定因素就是3D电脑模拟数据，从整个建筑外形到最小细节间快速有效地交换。在最优化设计中，将格子结构的曲线加以调整，满足最优流线，同时节约了材料。

数字化加工 像都市天伞这样的项目，施工公司一方面面临着规划与着手开工这样一种关系，另一方面也需处理实际加工与装配材料的问题。总共有20名工程人员参与进来，三分之二的人员参与到具体施工过程。加工材料包括砌合木板，2.5米宽，12 ~18米长，总面积是3 500平方米。这些木板经过高压挤压，胶体黏结以及真空处理，最终形成了平整的木板。木板由数控机器人精确量身体裁，形成多样化的开口。受最优切割过程的影响，一块木板材料的跨度可以相当于或超过一个1.5米宽的栅格，最大的材料被做成柱子，长达16.5米，宽度3.5米。机器人连续一年不停歇地以三班倒的形式才加工完这3 400块木制材料。

手工 更多工序只是用手完成。木板上边缘被磨平，末端则用角向磨光机压平。木制板用抗压金属片固定。利用特殊的打孔钻制工具将3 500个金属杆压进木板，之后再用胶水固定，这样木料就变得更有韧性。每块木料会贴上标签注明位置。

消防 高于地面20米区域的消防工作一方面是限制餐厅客人数量，另一方面是限制观景台游客数量不超过350人。“天伞”由象鼻状柱子支撑，直径约15米。每条支撑柱都安装了逃生梯，总共5座逃生梯始于屋顶，而第六座伞则由天桥同地面连接起来。餐厅空间有喷洒装置。为了在发生火患时能冷却木材，防止聚氨酯脱落，屋顶结构储存了一定量的水，能在发生意外时喷射出来。分布在木结构上的纤维光缆是警报系统的感应器。每个柱子的支撑点由金属连接器牢固栓到钢筋混凝土基座。金属连接器焊接起来，以防潮。消防当局规定，为防火，木结构离地面不低于5米。此外，木结构由混凝土钢板固定，营造出树木从广场下拔地而起的一种假象。

后期运营 项目于2011年3月27日正式对外开放。这座大型的露天建筑容纳了多种功能，包括剧院、农贸市场、架空广场和餐厅，同时这座建筑还起到活跃公共广场气氛的作用，吸引更多当地居民和游客前来参观、活动。

于尔根迈耶·赫尔曼

1996年，于德国柏林成立迈尔建筑事务所（J. MAYER H.）。
2003年，获得密斯·凡德·罗奖新锐建筑师特别提名。
2005年，获得HOLCIM铜奖。
2010年，获得奥迪未来城市设计大奖。
赫尔曼曾执教于普林斯顿大学、德国柏林艺术大学、哈佛大学、柏林白湖艺术学院、英国AA建筑学院、纽约市哥伦比亚大学和加拿大多伦多大学。

代表作 格鲁吉亚休息站、格鲁吉亚Mestia法院、格鲁吉亚Mestia警察局、德国柏林 JOH3等。

设计特色 在建筑设计业界，于尔根迈耶·赫尔曼致力于探索楼宇建筑、城市规划、艺术设施以及新材料开发应用的交集。他的诸多设计项目均因其结合土木构造、可持续性、都市风格、建筑式样于一身的文化意义从而脱颖而出。

他的作品就好像是来自外太空，或是即将开始太空漫游，极简布局，简单曲线、冷调色彩，未来感十足。室内陈设异常整洁，对点线面体的组合敏感，光滑的现代几何线条，运用了“液化”的概念，打造空间圆润的弧度和柔化的边缘，使室内天花板、地面和墙体的结合近乎是一种无缝状态，所有的建筑元素巧妙地融为一体。

格鲁吉亚休息站

格鲁吉亚Mestia法院

格鲁吉亚Mestia警察局

德国柏林JOH3

1 编者注　腓尼基。腓尼基是希腊人对迦南人（Canaan）的称呼，迦南一词在闪米特语的意思是“紫红”，这同他们衣服的染料有很大的关系。迦南在希腊文中的意译便是腓尼基（Phoenicia）。腓尼基和犹太人是近亲，同属于西闪米特民族，对希腊和希伯来文化有巨大深刻的影响，而后者又是现代欧美文明的基石。

2 编者注　古根海姆效应。当代建筑大师弗兰克·盖里设计的毕尔巴鄂古根海姆博物馆1997年10月17日全面落成开幕以来，迅速成为欧洲著名建筑圣地和现代艺术殿堂，成为西班牙毕尔巴鄂的象征，也成为“以文化带动城市经济”设想的成功典范。如今，毕尔巴鄂古根海姆博物馆给地方经济带来的效益已成为众多大学的研究课题，哈佛设计院称其为“古根海姆效应”。

埃及吉萨
大埃及博物馆

编辑观点：博物馆在某种程度上成为了沙漠与尼罗河谷之间联系的景观纽带。通过对地势条件的把控，以及引入全新的半透明石墙的立面设计，让项目的建筑风格与周边金字塔相融合，同时又突显了项目的独立个性。

奖项

2003年，荣获埃及国家大博物馆设计金奖

设计师：彭士佛 **建筑设计**：爱尔兰Heneghan.Peng建筑事务所 **业主**：埃及最高文物委员会

投资商：埃及政府、国际银行、阿拉伯发展基金等 **景观设计**：WEST 8 **建设单位**：埃及建筑公司Orascom Construction Industries、比利时建筑公司BESIX

项目地点：埃及吉萨 **占地面积**：约500 000平方米 **建筑面积**：100 000平方米 **工程造价**：约8.33亿美元

设计时间：2003—2008年 **开工时间**：2005年 **建成时间**：2015年

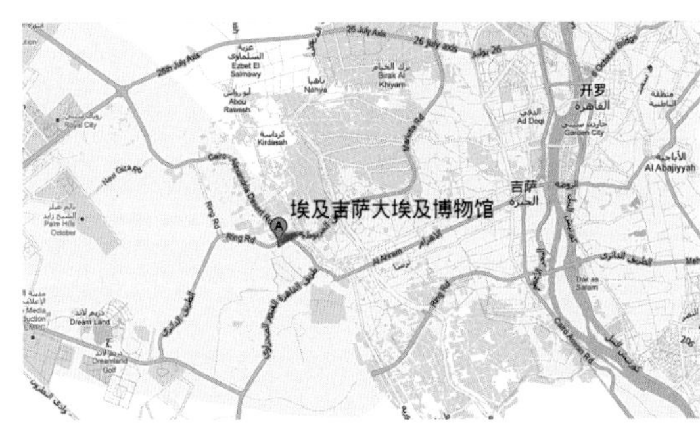

项目定位 在埃及政府对大埃及博物馆的建造宗旨中写道：大埃及博物馆的建造将使来自世界不同国家和文化的人们沉浸在灿烂丰富的古埃及文明中。由此可见，该博物馆建成后将成为世界上规模最大的埃及古文明博物馆。

不仅如此，项目建成后，还将成为集博物馆、会议中心、购物中心、立体影院、图书馆、主题公园为一体的超大型文化建筑群。

区域位置 项目位于埃及首都开罗至亚历山大高速公路一侧的沙漠高地，紧邻著名的吉萨金字塔群[1]。在基奥普斯、切夫伦和米塞里诺斯金字塔以西2 000米。

埃及政府长久以来一直希望建造一座世界独一无二的珍藏埃及古文明文物的现代博物馆，以替代现有的埃及国家博物馆，同时这个埃及博物馆将成为埃及文化的永恒象征。也正是基于此，埃及博物馆新馆馆址选在了金字塔旁边。

吉萨城市文化特色 吉萨省是埃及的一个省份，位于埃及北部尼罗河三角洲南角，伸入西部沙漠区的拜哈里耶绿洲，首府为吉萨市。吉萨市位于尼罗河下游左岸，同开罗隔河相望，有大桥连接，是大开罗[2]的组成部分，人口150.9万，是该省制造业和农业贸易中心，也是埃及政府、文化和研究机构的所在地。文教事业发达，有电影制片厂、阿拉伯语言科学院、工艺美术学院等。拥有中东地区最大、历史最悠久的开罗大学（1908年创立）和全埃及科技企业最集中的“智慧村”。

吉萨市的旅游资源丰富，有著名的吉萨金字塔、孟菲斯遗迹和博物馆等。吉萨的3座金字塔位于吉萨市南郊8 000米的利比亚沙漠中，是世界七大奇迹之一。2004年7月21日，埃及吉萨省与中国甘肃省结成友好省份关系。

前期沟通——“老”埃及国家博物馆急需改进 埃及现有的国家博物馆于1902年建成开放。尽管它是世界上规模最大的收藏古埃及文物的博物馆，但仍有近三分之二的埃及文物被存放在库房里。由于博物馆地处开罗市中心，已经无法扩建，埃及政府决定在吉萨金字塔高地附近修建一座新的国家博物馆。

为了确定新博物馆的建筑设计方案，埃及政府专门举办了一次国际性建筑设计竞赛。来自83个国家的设计团队提交了1557份设计草案，最终胜出的设计团队由来自爱尔兰、英国、埃及、荷兰、奥地利和加拿大等6个国家的20个咨询办公室组成，参与图纸设计和咨询的专家超过300人。

2005年5月，项目正式进入全面建设阶段。项目共分三期建设，目前第一、二期工程建设已经完工，建成了总面积23 000平方米的

各类文物库房以及世界最大的文物修缮中心。此外，电力、水力、排放、通信等各类管网以及完整的消防网络均已建设完成。2012年3月12日，第三期工程开工，预计工期40个月。据介绍，该阶段工程主要包括主楼、展厅及附属设施的建设。

另外，项目在筹建过程中曾遇到过资金短缺的问题，为了确保工程的顺利推进，埃及最高文物委员会决定在全世界范围内募集1.5亿美元。博物馆将会在特定的场合和活动中公布那些捐款者的姓名。同时，无论是个人或单位都可以用500美元或等值埃镑购买博物馆内特定砖墙上的石砖，捐助者的姓名将被镌刻在石砖上。

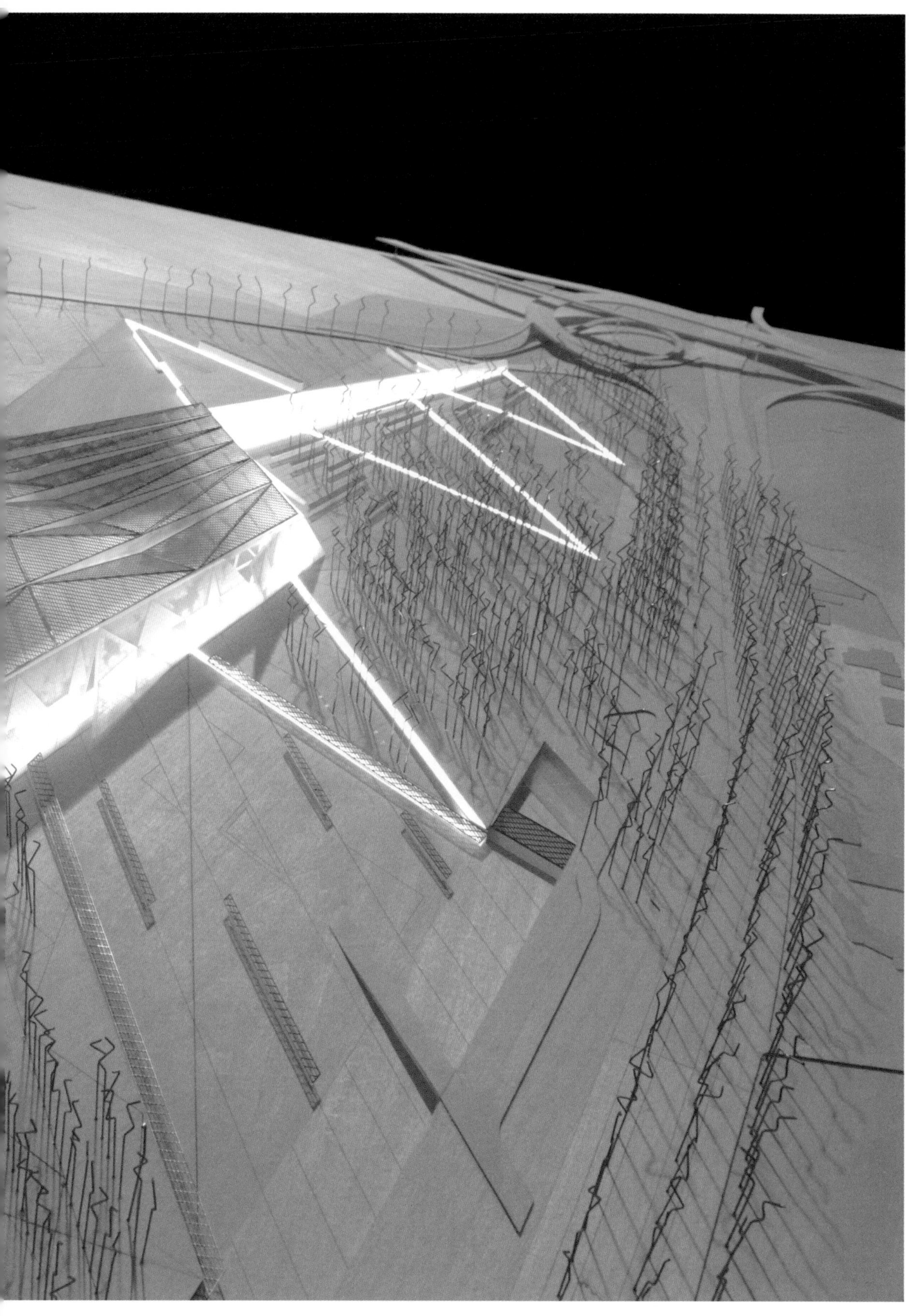

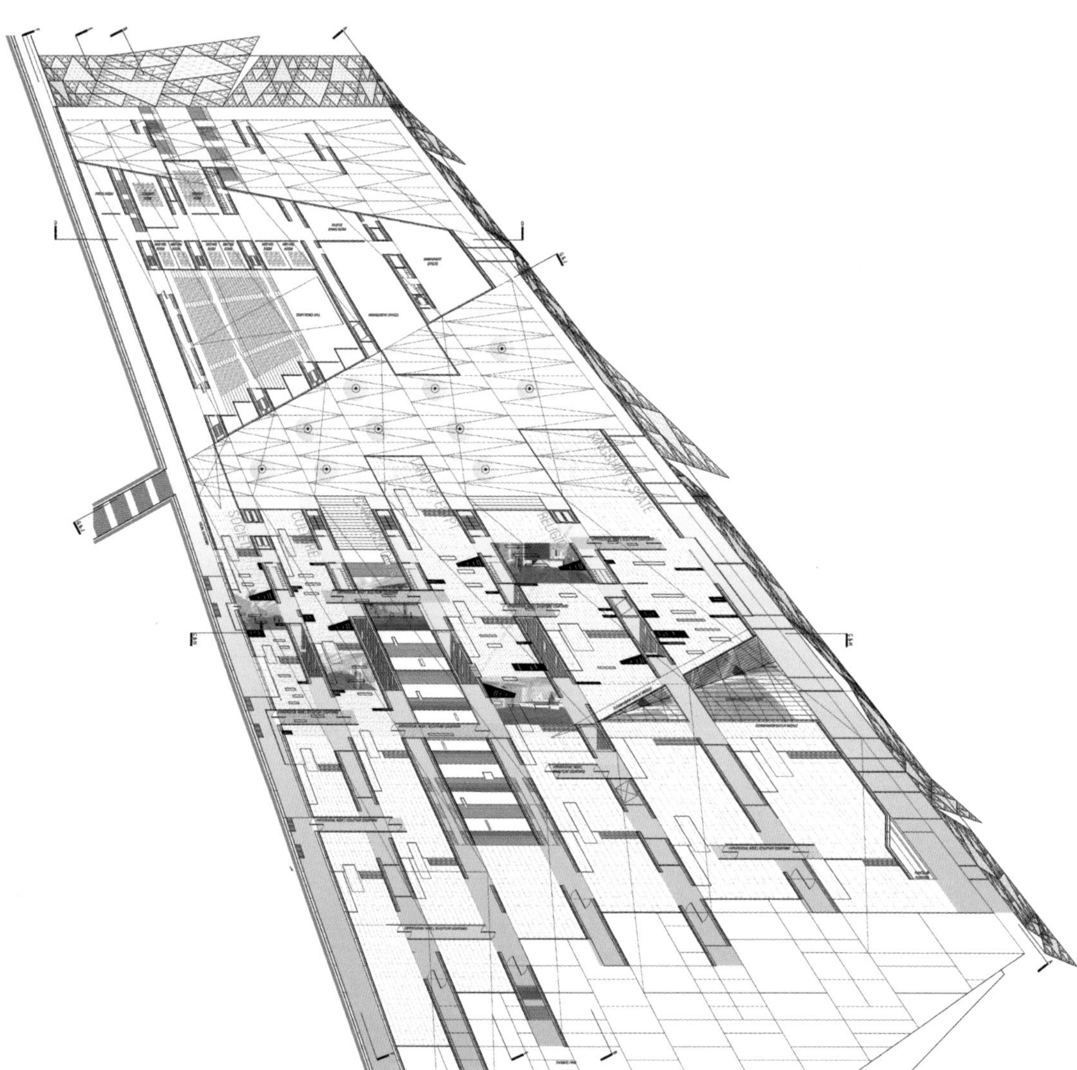

整体平面图

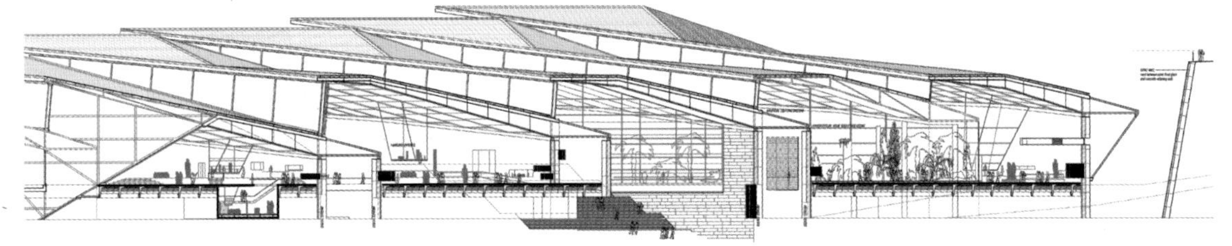

顶层剖面图

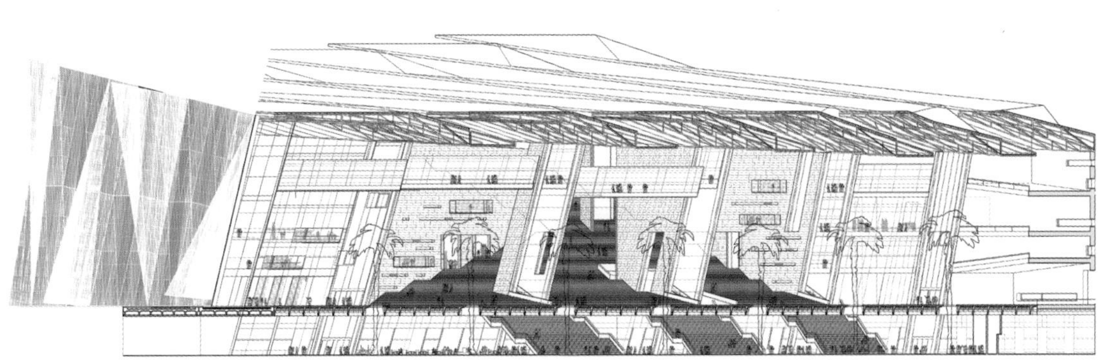

整体剖面图

离吉萨金字塔群2000米之外，大埃及博物馆的主展览馆屋顶指向最大的胡夫金字塔峰顶，其他边缘点指向较小的麦瑟瑞那斯金字塔和齐普芬金字塔峰顶。如果在博物馆的屋顶各点与金字塔顶尖之间画上直线，这些直线便会如扇面般展开，而直线仿佛隔出条条时间隧道，从这一边走到那一边，就是从一种文明走到另一种文明。设计师将两种文明的时空阻拦抹除，制造了金字塔、开罗、尼罗河、博物馆的四者融合。

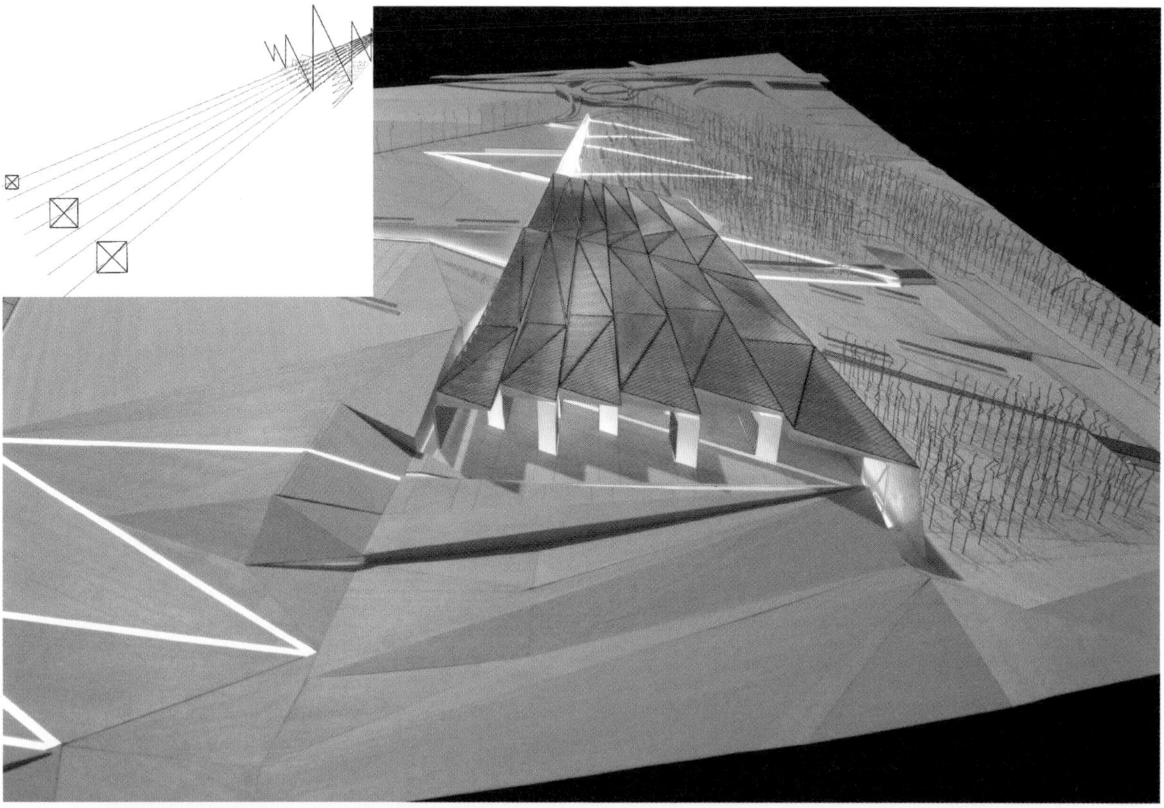

争议点：
现代建筑外形与周边传统建筑形象之间的美学失衡。

长期以来，埃及众多风格迥异的各类博物馆把埃及丰富的人文和历史古迹展现给世界。其中最著名的当属埃及国家博物馆，此外还有介绍埃及王室的阿卜丁宫博物馆、展示伊斯兰教发展的伊斯兰博物馆、呈现金字塔文物发现的太阳船博物馆和科普特博物馆等。

现在，在世界七大奇迹之一的埃及吉萨金字塔身畔，一座世纪性的伟大建筑——埃及新国家博物馆，即大埃及博物馆正在拔地而起。

鉴于项目的独特区位，其建造面临着一个问题：如何在最为敏感的古代遗址以及建筑学诞生地之一的吉萨金字塔群边上，最大极限地建造一座与它匹配的华丽新建筑。正如埃及文化部长霍斯尼在新闻会上说："我们的目标是在这几个金字塔和博物馆之间建立起一种美学关系。"

虽然，此次中标的爱尔兰设计方案以多种设计手段巧妙地使新设计的博物馆与埃及金字塔及周围的沙漠环境达到完美融合，最终赢得了评委的一致好评。但是，其充满现代感的建筑造型仍然引起了部分市民的争议，他们认为，项目的整体布局就像是被猫爪撕扯之后形成的一样。

对此，设计师彭士佛认为，项目的外形是要给人一种建筑服从于景观的印象，而不是现代化的建筑突兀地立在景观旁边，让人觉得大煞风景。

媒体评价 2007年7月，被英国《泰晤士报》评为“2007全球十大在建建筑”中仅次于“鸟巢”、排名第二的在建大型建筑。获奖评语是：“位于尼罗河和埃及三大金字塔之间，融合了开罗的现代与金字塔的历史意象，真正的建筑就该像这座博物馆般坐落在令人振奋的敏感地带。”

民众评价 民众认为该博物馆的设计单纯天真，仅透明条纹大理岩最引人注目，并且认为它并不能改变与周边建筑的美学关系。

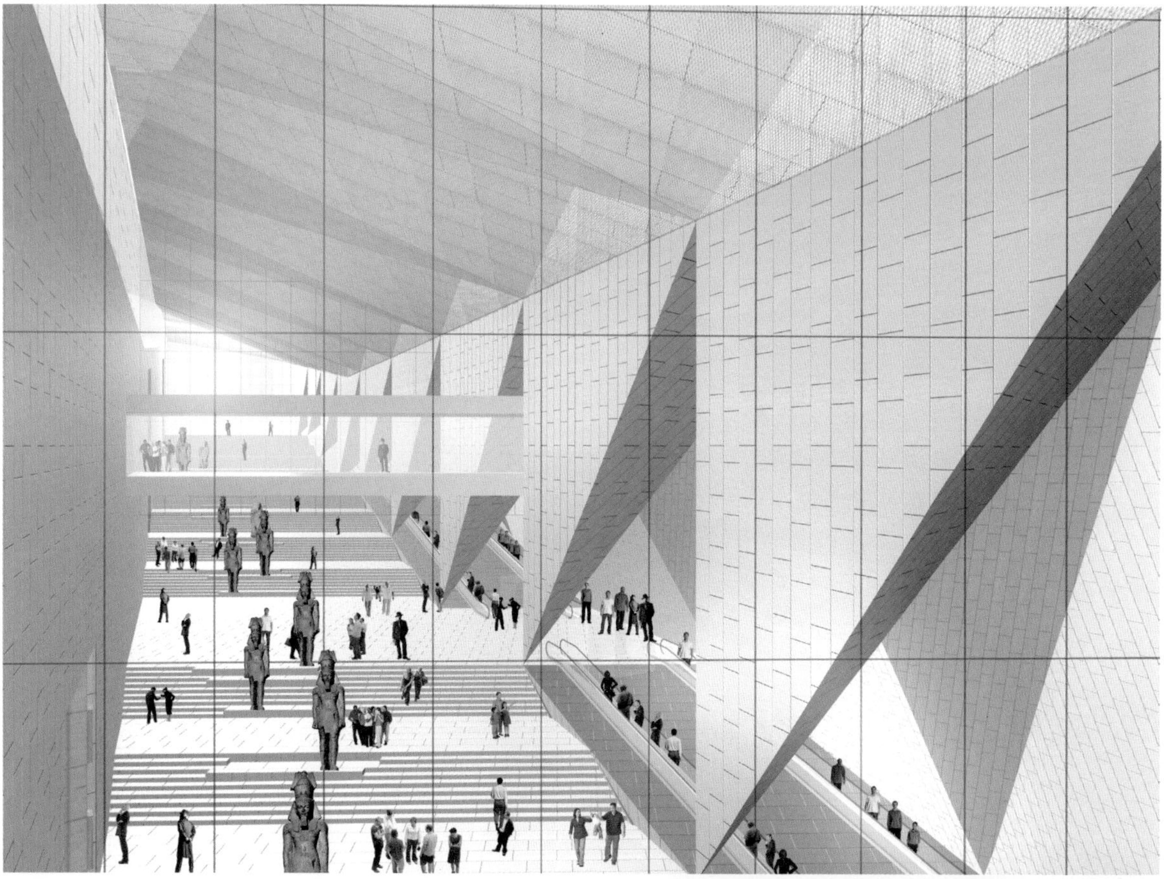

项目被一个巨大的人工表皮所覆盖，并根据现有的场地形状、边界特性及交通流线等使用流程来塑造空间。将建筑与沿着峭壁的基地沙漠景观融为一体。空间流线组织被设计成单向的、连续空间的运动，经过7个展面，有不同的流线穿越博物馆，并且在以时间为序的历史关键时刻产生交点。

设计理念——新型博物馆 无论从规模还是设计理念上，大埃及博物馆都将成为新型博物馆的典范。在新闻发布会上，埃及政府宣称："大埃及博物馆将充分运用计算机和网络技术，从而使它成为全球第一个大规模运用信息技术的虚拟现实博物馆。"

设计关键——与周边建筑风格相融合 新建造的博物馆处于繁华的大都市开罗与古老的金字塔之间的沙漠高地上，犹如历史与现实的交叉点，博物馆成为连接埃及现代都市——开罗以及亚历山大与埃及古老的历史文化遗产之间的纽带。因此，如何使新建筑与古老的金字塔相互和谐，是这次新博物馆设计的关键，也是设计师首先要解决的问题。

从城市设计角度来看，新建的博物馆则犹如一座纪念碑，是游客从繁华的都市前往金字塔参观的必经之路，是引导游客穿越时空追忆历史的转折点。因此爱尔兰公司的设计师采用多种手段，充分为观众营造了时空过渡的心理空间。在建筑风格上毫不张扬，以免与金字塔形成对立，而是充分利用了当地的地形地势，建造了一个具有水平流动韵律的艺术丰碑。

建筑风格——纯净透明的简约主义 根据建筑同外在环境的关系，设计师彭士佛在大埃及博物馆的项目中设想出一个纯净透明的简约主义建筑，并在建筑的立面设计上均做了折叠处理，而无框玻璃幕墙更打破了建筑与景观的平衡。建筑师在此处的想法是，力求模糊室内外的界限，而利用折叠的立面设计和稍倾斜的幕墙，使原本形成冲突的两块形成有效的对话。

建筑立面——不规则碎片形状 外立面被精心雕琢成塞平斯基不规则碎片形状，比例合理，外观简约朴素，形成了有效的轻型系统。白天，按照几何线条精心雕琢的外立面同沙漠边缘风格类似。晚上，半透明墙和抛光的石制镶板散发的光泽融合在一起。

建筑材质——突出透明性 项目通过本身材质的特殊性来完成"透明"这一概念。长达1000米的外墙为雪花石膏覆盖，通体明澈，再饰以意大利的透明石材——前一种石膏是金字塔里地板和陪葬品的专用料，后一种石材既能吸收自然光，又能隔温。因为只有25%的草形印刷玻璃能达到幕墙工程师要求的透明度，所以在面向景观的立面使用了全镀膜的玻璃。

博物馆的屋顶也由透明的金属材质建造而成，同样可以降低能源消耗，并遮挡艳阳。特别是到了晚上，外墙吸收的光线照亮室内，这样，头顶月光和繁星，游客可以在博物馆中的任何位置，看到博物馆外的胡夫、麦瑟瑞那斯和齐普芬三大金字塔。

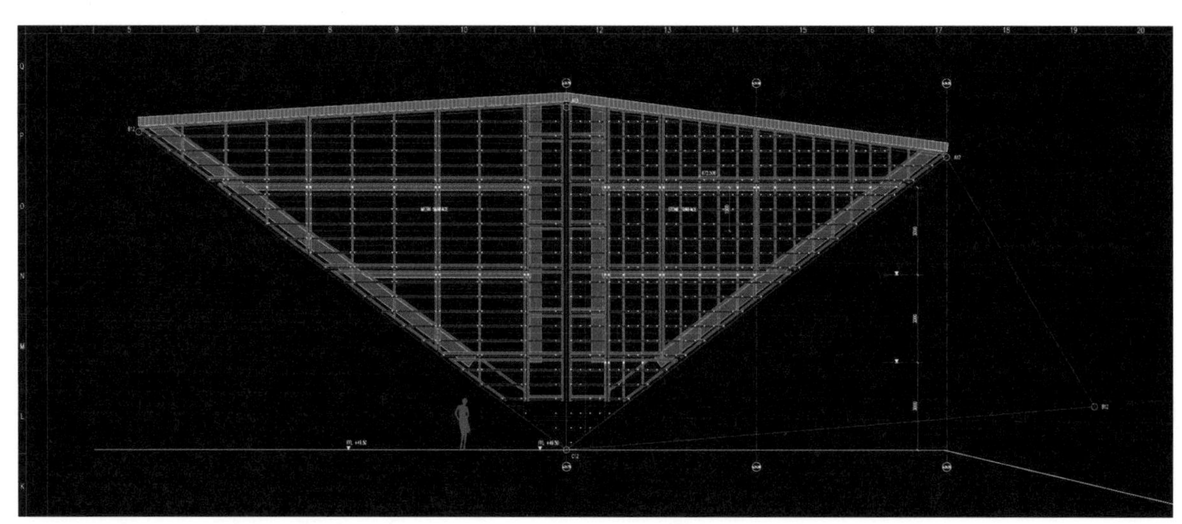

后期运营 埃及文物国务部长穆罕默德·易卜拉欣于2012年1月10日宣布，在建的大埃及博物馆将于2015年8月对公众开放。

展现古埃及各个时期的代表性文物 博物馆工程总监侯赛因·白希尔介绍说，博物馆建成后，将展出埃及历史上最稀有、最重要的文物，包括著名的图坦卡蒙法老约5 000件陪葬品。此外，胡夫金字塔旁的太阳船也将移至该馆。博物馆建成后将能够容纳15万多件从埃及各地收集到的古埃及各个时期具有代表性的出土文物。

目前已开始文物转移 目前，用来修缮文物的大型设备的安装工作和工程系统都已经完成。在埃及最高文物委员会的监督下，一些中小型文物的转移工作现在已经开始。文物首先被运送至新馆库房，然后进入文物修缮中心。在经过分类、消毒、实验、建档等技术处理之后，文物进入存放区，等待被送入博物馆大楼的永久展厅中。在严格的安保条件下，文物通过地下隧道从存放区转移到展厅。

10年内实现收支持平 埃及政府对新馆建设项目进行了长期的经济效益可行性研究及论证。埃及博物馆新馆将由埃及和几家国际金融机构共同投资。埃及政府成功获得了国际银行和阿拉伯发展基金向埃及提供的偿还期达20年的优惠贷款，利率为百分之零点五。埃及文化部长胡斯尼在新闻发布会上声称，预计新馆开放后每年至少将接待300万游客。通过对该项目的经济效益研究，新馆开放后10年内就可实现收支持平。

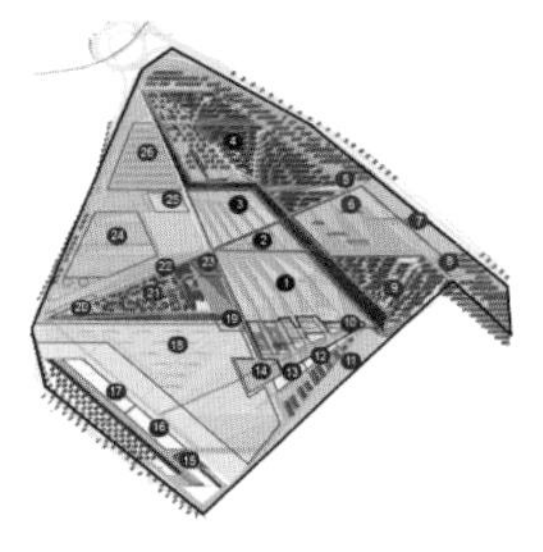

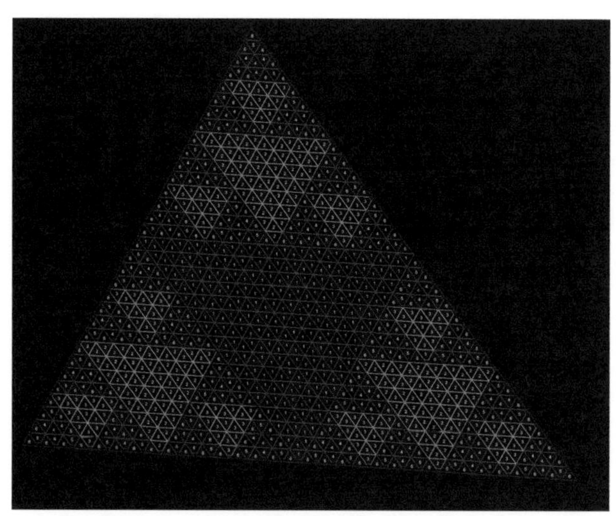

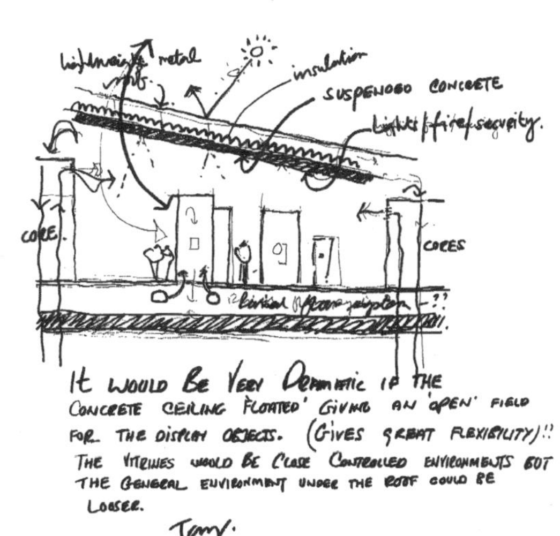

彭士佛

爱尔兰籍华裔建筑师。生于台湾，幼时随父母迁居美国。1989年毕业于康奈尔大学，1992年取得哈佛大学建筑硕士学位。1994年，与同为建筑设计师的爱尔兰籍妻子Roisin Heneghan共同建立了Heneghan Peng建筑事务所，当时，事务所里只有3名设计师。在赢得大埃及博物馆竞标方案后，公司逐渐扩大，目前已有24名工作人员。

代表作 北爱尔兰“巨人之路”游客中心、2012年伦敦奥运会步行桥、巴勒斯坦博物馆等。

设计特色 作为华裔设计师，彭士佛深得东方文化的精髓，又喜欢西方建筑的纯粹利落。另外，他也十分注重建筑的细节设计，“细节最能体现出设计的水平。”他说。他曾到北京参观国家大剧院、鸟巢等大型公建时，会特地去厕所、走廊拐角等小地方看看。

北爱尔兰“巨人之路”游客中心

2012年伦敦奥运会步行桥

巴勒斯坦博物馆

1 编者注　吉萨金字塔群。吉萨金字塔群位于埃及首都开罗近郊。公元前3世纪中叶，在尼罗河三角洲的吉萨，古埃及人造了3座大金字塔，是古埃及金字塔最成熟的代表，主要由大金字塔、哈夫拉金字塔、孟卡拉金字塔及大狮身人面像组成。周围还有许多“玛斯塔巴”与小金字塔。

2 编者注　大开罗。埃及首都开罗横跨尼罗河，是整个中东地区的政治、经济和商业中心。它由开罗省、吉萨省和盖勒尤卜省组成，通称大开罗。

日本东京 多摩美术大学图书馆

编辑观点：多摩美术大学图书馆是一个让每个人都可发现自己喜爱的书籍及媒体，并可以在这里与之互动的场所，就好像走过了一片树林或步入一个洞穴；同时图书馆也是能将那些新的思想与创意在校园内蔓延的一个中心。

奖项

2013年3月18日，日本建筑师伊东丰雄凭借多摩美术大学图书馆等项目，
因其将概念创新与建造精美相结合的独特优势而荣获2013年普利兹克建筑奖

设计师：伊东丰雄 **业主：**多摩美术大学[1] **建筑设计：**伊东丰雄建筑事务所 **校园规划：**多摩美术大学校园规划项目组
结构工程：Kawasaki Structural Consultants **机械工程：**Kajima Design **室内设计：**Workshop for Architecture and Urbanism
家具设计：Fujie Kazuko Atelier **项目监管：**Toyo Ito & Associates, Architects
项目地点：日本东京多摩美术大学八王子校区[2] **占地面积：**159 184.87平方米 **建筑面积：**2 224.59平方米
开工时间：2004年 **建成时间：**2007年

项目定位——自由的思想栖息地 “对于现在正在这里学习的人，我希望这个图书馆能吸引他们在这里长时间地安静阅读，能够静静地体会前辈们的知识给养，激发自己的灵感，最终，给思想一个栖息地。”这是设计师对于本项目的定位。

区域位置 项目属日本东京多摩美术大学八王子校区，位于东京郊区外，一座公园后面，地势略微倾斜的斜坡之上。

校园的特征是基地整体均处于坡度1/20的斜面上，从学校正门口的公交停靠点下车，就能看到有“雕刻的森林”之称的广场，展示着多摩美术大学相关艺术家的雕刻作品。在这之后就是项目基地，基地旁是已经完成的购物大楼、信息设计大楼和艺术学院大楼。可以说，本案占据着学生步行通道的重要位置，并延续着从正门开始不断持续的地面坡度。

东京城市文化特色 东京位于日本本州岛东部，是日本国的首都，为全球最重要的经济中心之一，亚洲最大的城市，也是世界领先的城市之一，世界重要的金融，经济和科技中心，是一座拥有巨大影响力的国际大都市，东京是世界上拥有最多财富500强公司总部的地区。东京有全球最复杂、最密集且运输流量最高的铁道运输系统和通勤车站群，世界经济富裕及商业活动发达的城市。东京在明治维新后即成为日本首都所在地，同时也是日本文化、经济、教育、商业、时尚与交通等领域的枢纽中心。东京不仅是当代亚洲流行文化的传播中心，为世界流行时尚与设计产业重镇。

东京的建筑密集程度之高是众所周知的，但这个处于地震带上的国度也不允许大量的高层建筑。于是，城市建筑群倾向于“广”和“密稠”的格局发展。

前期沟通 本项目是多摩美术大学为庆祝建校50周年所建造。由于该校区之前一直缺少学生和学校职员共享信息的公共场所，因此项目的首要诉求就是考虑如何让图书馆为所有人提供一个开放且兼容自然与人文环境的公共空间。

因为学校的性质和建筑师的考量，从一开始设计就把建筑理念定在建成一个艺术空间多过图书馆的环境。在设计的过程中，伊东丰雄团队不停地设计、否决、修改，最终才选定了两个弧面、两个直面，以拱形门为主题的建筑构架。

对于本项目，多摩美术大学一直希望能够建设三、四层的建筑物。但是当伊东丰雄团队看过基地后，却认为必须把图书馆全部埋入地下，从公交停靠点边开始将地下空间进行延伸，地面上则以“雕刻的森林”为意向展开设计，从而营造出洞穴般的空间效果。但是在对地下空间进行了研究后，他们发现将图书馆全部埋入地下存在一定困难。因此，横跨地下与地上的二层式建筑的体量就需重新商榷。

在重新设计的过程中，伊东丰雄团队从体量到空间均进行了推敲。首先确定了一种半圆形拱顶的连续体空间的概念，然后他们又将柱子顶部设计成伸展结合于顶板，并直接支撑起没有横梁的顶板，以此体现出屋顶与柱之间的关系。他们还重新设计了拱顶，从而形成连续体状的拱顶形式，并最终完成了实体建筑。

日本对公共空间历来都非常重视，通过各种大空间的建筑和人性化的运营方式，得以吸引广大民众的向往。伊东丰雄设计的东京多摩美术大学图书馆具有独特的气质，拱形相互交汇的建筑结构辅以大面积的玻璃窗，使整体建筑犹如一件镂空的艺术品，更如同一座圣殿。

争议点：
大面积的开窗采光对建筑内部的声学品质造成影响。

多摩美术大学图书馆是一个底层开阔的长廊式空间。建筑师使用随机排布的拱形结构来营造一种感觉，让建筑与倾斜的地面和外部的公园风景保持连续。

乍一看去，项目建筑的视觉美感和震撼力是不言而喻的，但是图书馆中大面积的开窗采光和建筑内部的声学品质却存在一些争议。部分人士认为建筑的平面其实非常简单，但却需要表达出丰富的空间感觉。

在解释设计灵感的时候，伊东丰雄这样说："为了使周围起伏的地形与风景以及行人可以自由的穿越这个建筑，我们开始思考一种结构——一些随机排列的柱子，以拱门相互连接，倾斜的地板将外面风景延伸入内。由于采用拱门的设计，在交汇点处，我们把柱子做得尽可能的细，且可以很好地承受上层楼板的分量。"

伊东丰雄一直在寻找一种能够把空间从承重体系中摆脱出来的方法，从而为所有人提供一个开放的公共空间。

其他建筑师评价　“他的建筑非常复杂，不过他高度的综合性意味着他的作品能达到一种令人心平气和的境界。”智利建筑师、普利兹克奖评委亚力杭德罗·阿拉维纳这样评论道。

媒体评价　对于伊东丰雄的此次获奖，普利兹克奖评委会主席帕伦博勋爵称评审团认为：“伊东丰雄在其职业生涯当中，创作了一系列将概念创新与建造精美相结合的建筑。”同时，普利兹克奖评委会还认为：“研究过伊东丰雄作品的人都会发现其作品中不仅涵盖不同的使用功能，而且还蕴涵着丰富的建筑语言。他的建筑形式既不依从于极简主义也不追随参数化设计。”

“伊东丰雄的建筑改善了公众与私人空间的品质。”美国联邦最高法院大法官史蒂芬·布雷耶说，他担任了本次普利兹克奖的评委。“他的建筑给大量的建筑师、批评家和市民带来了灵感。我和其他参与普利兹克奖的人一样，对他的获奖感到由衷的喜悦。”布雷耶在一次声明中说。

民众评价　这个建筑物已经没有我们通常所说的柱子、梁、窗户、门等明确功能，而是重合组合的一个空间。有人说，“如进入修道院的走廊一般，感到心灵上的触动”，有人则觉得“进入了不可测知的时光隧道，如阅读一本书籍或观看一部电影一般”。

图书馆的整体设计极具开放性，甚至包容了周围全部的山景。同时，它又具有内向型发展的特点，带领造访者逐渐深入到馆内独立的功能空间。正如伊东丰雄所说，“进入这个空间以后，不是像关在一个盒子里面，而是可以自由地向任何一个方向扩展”。

设计主题——通透和自由 图书馆最终形成了“树”的设计哲学，通透和自由仍然是大主题。上下两层的格局，以随机排列的拱形结构拼接而成。这样的结构就如同山坡上的一排小树林，虽然材料使用的是钢筋、混凝土、大面积的玻璃，但是感觉与草地和外面公园的风景完全融合在一起，将它们包容在整体建筑内，也被这美丽的环境所包容。

建筑形体特征——双层连续拱门设计 建筑在形体上最大的特征就是双层连续拱门的出现，设计师使用随机排布的拱形结构来营造一种通透延绵的感觉。

由钢结构和混凝土构成的拱门相互交汇，以便让拱形的底部更加纤细。拱门的跨度从1.8米到16米不等，在同一连线上的拱门总体宽度达到200米，不同连线上的立柱和拱门把整个大空间自然地分割开来，又不会在空间上造成大面积的立柱导致视觉拥堵。

这些交汇的拱形把空间柔和地划分成不同的区域，加上书架，不同形状的学习桌以及可用作公告牌的玻璃隔断等，给划分而成的区域带来既有个体性又和整体空间保持连续的感觉。

空间布局特点——上重下轻 在这座两层的图书馆中，一层被用作展览空间，其中还设有学校的展览区、休闲吧、电影放映区以及阅读区；二层则是图书馆常规的阅读和藏书区域。

在这样的建筑中，一层空间被赋予了最多的含义：通道、展览、阅读、休闲。这种上重下轻的设计理念，让一层的位置如同在一棵树下享受凉爽与安静。伊东丰雄提到：“在图书馆建造以前，校园里的咖啡站是唯一师生和职员共享的空间，设计图书馆的时候，我们就考虑，让这个建筑的底层尽可能的开放，因为这是一个开放给所有人的公共空间。”

室内采光与照明设计特点 在采光方面，项目设计秉持融自然为建筑所利用的原则，充分发掘自然环境对于建筑体本身的作用。白天充分利用自然光线，以满足图书馆内人群对于光线的要求。同时采用特殊材质的透光材料，在不同时间段对建筑体内的光量进行有效地控制，更具人性化。

除此之外，图书馆室内的照明设计也别具特色。伊东丰雄并没有采用传统意义上的裸露的灯具设计，而是在房顶上设计了遮光圆盘，从而遮住了可见光源，使光线通过顶面漫反射[3]均匀柔和地照亮每个角落，桌子和书架上的台灯提供学生们看书的照明，这样就避免了过于刺激的灯光对学生眼睛的刺激。

后期运营 项目作为八王子校区规划的第三期，即最后一期新增建筑之一，它的落成，标志着该校区的建设全部完成。

目前，该图书馆藏书近30万册，其中10万册作为开架书，另10万册作为闭架书，其余6万册通过地下的机械式书架收藏。该图书馆作为校园的标志性建筑，将与老图书馆的档案馆以及面向为信息教育而落成的媒体中心大楼，一同构成校园的媒体网络平台。

伊东丰雄

日本建筑师，1941年6月1日出生于韩国汉城（今首尔）。
1965年，毕业于东京大学建筑系，并任职于菊竹清训联合建筑师事务所。
1971年，在日本东京创办名为都市机器人的设计事务所。
1979年，事务所更名为伊东丰雄建筑设计事务所，现为该公司董事长。
2013年3月18日，获得2013年普利兹克建筑奖，是第六位荣获普利兹克建筑奖的日本建筑师[4]。
伊东丰雄曾获得众多国际奖项，其中包括2010年第22届高松宫殿下纪念世界文化奖；2006年英国建筑师皇家学会皇家金质奖章；2002年第8届威尼斯国际建筑双年展终身成就金狮奖。他是东京大学、哥伦比亚大学、加利福尼亚大学洛杉矶分校、京都大学和多摩美术大学的客座教授；2012年春季学期，他还为哈佛大学的设计研究生院主持了一个海外工作室，属亚洲首次。

代表作　日本东京都中野区"白色U形"住宅（1975—1976年）、日本东京都中野区银色小屋（住宅）（1984年）、日本熊本八代市博物馆（1988—1991年）、日本宫城县仙台媒体中心[5]（2000年）、英国伦敦蛇形画廊亭子（2002年）、日本东京TOD'S旗舰店（2004年）、中国台湾台中都市歌剧院（2005年）、中国台湾高雄世界运动会主体育场（2009年）、日本濑户大三岛伊东丰雄建筑博物馆（2011年）等。

设计特色　研究过伊东丰雄作品的人都会发现其作品中不仅涵盖不同的使用功能，而且还蕴涵着丰富的建筑语言。他逐步发展并完善了一套独特的建筑语法，把结构及技术层面上的创造发明与清晰的形式语言相结合。他的建筑形式既不依从于极简主义也不追随参数化设计。

对伊东丰雄来说，情况不同，得出的答案亦不相同。他的早期作品都富于现代性，使用质地较轻的标准工业材料及部件，例如钢管、金属网、穿孔铝箔片及透气性织物。他后期极具表现力的作品则大多使用钢筋混凝土。

伊东丰雄能用一种极其独特的方式，将结构、空间、环境、技术及场所建立于一个平等的立足点之上。尽管他作品所呈现出的平衡感看似简单，但却是他精湛技艺及同时驾驭建筑各个方面能力的结晶。他的作品结构复杂，但又巧妙地融为一体，令建筑本身焕发出宁静与祥和，而使用者则能自由自在地在其中从事各项活动。

日本东京都中野区银色小屋

日本宫城县仙台媒体中心

英国伦敦蛇形画廊亭子

中国台湾高雄世界运动会主体育场

1 编者注　多摩美术大学。多摩美术大学于1935年建立，1953年开设大学教育的日本私立大学。大学的简称为多摩美。学校以“自由和意力”作为理念，实践美术和设计的创作研究、不断探求美术教育的应有价值和方式。主要校区分布在八王子和上野毛两地，现为日本规模最大的美术大学。

2 编者注　八王子校区。八王子校区于1968年正式建设，校区面积为96 500平方米，目前该校区是日间部研究生院、美术学部、附属图书馆及媒体中心所在地，其美术学部算是目前世界上规模最大的美术学院之一，尤其版画专题的设备更是完备。

3 编者注　漫反射。漫反射是投射在粗糙表面上的光线各个方向反射的现象。当一束平行的人射光线射到粗糙的表面时，表面会把光线向着四面八方反射，所以人射线虽然互相平行，由于各点的法线方向不一致，造成反射光线向不同的方向无规则地反射，这种反射称之为漫反射或漫射。

4 编者注　六位荣获普利兹克建筑奖的日本建筑师。1987年获奖的丹下健三（已故）、1993年获奖的槙文彦、1995年获奖的安藤忠雄、2010年获奖的妹岛和世与西泽立卫团队、2013年获奖的伊东丰雄。

5 编者注　仙台媒体中心。仙台媒体中心是在仙台市青叶区开设的复合文化设施，于2001年1月开馆，由仙台市图书馆和艺廊等组成，不但是仙台的文化收容中心，也肩负了艺术中心的任务。作为伊东丰雄的代表作之一，他说：“媒体中心在许多方面有别于一般的公共建筑。虽然这座建筑主要功能为图书馆和艺术画廊，但管理方一直积极致力于模糊不同使用之间的界限，除去各种媒体之间的固定障碍，逐步唤起文化设施今后所应该具备的形象。”

附录　其他有争议的项目

01 中国北京新央视大楼

设计师: 雷姆·库哈斯、奥雷·舍人
设计单位: 大都会建筑事务所(OMA)
建筑面积: 约550 000平方米
总投资: 约50亿元人民币
施工单位: 中国建筑工程总公司(CSCEC,承包包括主楼在内的“A标段”)
北京城建集团有限责任公司(承包“B标段”——电视文化中心)。
开工时间: 2005年4月28日
建成时间: 2009年1月

设计背景 为成功举办奥运会,中国政府希望能让北京这座古老城市变成一座现代化大都会。在所有新建筑中,巨额造价的新央视大楼,带给公众的视觉冲击最强烈。建成后,它成为中央电视台这个中国唯一全国性电视台的象征,同时,它也是规模仅次于美国五角大楼的世界第二大办公楼。

新央视大楼的主楼和副楼据说是设计者库哈斯根据男女生殖器的形状设计而成。而这一说法也从库哈斯的弟子之一、MAD建筑事务所主持建筑师马岩松处得到证实。马岩松表示:“当时库哈斯没有想过自己的方案会中标,可这个最初有点玩笑性质的设计最终竟成了定标方案。”

也许,库哈斯在设计初期未曾预料到会引来如此激烈的争论。但在大楼完工时,诸多的争论都挡不住这个“钢铁怪物”的崛起。

争议 外形奇特,建造复杂,挑战建筑界传统观念。 新央视大楼的效果图自公布之日起就引来了无数口水战,其怪异、扭曲的“身形”无疑在挑战人们的审美底线。引起的争论涉及各个层面,除了造型,新台址可能带来的交通问题、工程的设计和造价也颇受争议。而最终公布的命名“智窗”又因与“痔疮”谐音而引起新一轮的口诛笔伐。虽然在一些人眼里它显得“时髦”“新奇”,且入选美国《时代》周刊评出的“世界十大建筑奇迹”,但大多数的中国民众还是对其难以“消化”,因形似裤衩而被形象地称为“大裤衩”,业内人士的评价也褒贬不一。

“每天上班路过这个建筑时我都感到很丢脸。”知名建筑评论人史建如说。

潘石屹则说:“我觉得这是灾难性的建筑,天外来客,张牙舞爪,两个‘Z’扭在一起,235米高,电梯也是斜的,与生态趋势背道而驰。”

建筑评论人、清华大学建筑学院副教授周榕说:“这是一个形式大于一切的产物,为求形式,其他元素都可以排后,功能、结构、造价等方面的花费均比一般建筑要高。我分析像这种规模、投资与形式的建筑未来不太可能再出现”。

建筑评论家英格·萨弗容曾撰文指出,库哈斯和舍人或许会“将作为让CCTV大楼成为建筑界‘重磅炸弹’的人”而被载入史册。

建筑理论家王明贤的观点则相对比较中立说:“对于库哈斯很难评论。建筑师分为两类,一类是学术性,另一类是商业性。来到中国的很多外国高水平建筑师是商业性的,可以说把中国糟蹋了。而库哈斯是学术性的建筑师,他是新闻记者出身,所以更能从社会形态来关注建筑,更具有社会意义。”

02 中国香港中银大厦

所获奖项：2002年香港建筑环境评估"优秀"评级奖项
1999年香港建筑师学会香港十大最佳建筑
1992年大理石建筑奖
1991年AIA荣誉奖(美国建筑业界最高成就奖)
1989年杰出工程大奖
1989年杰出工程奖状

设计师：贝聿铭

建筑高度：315米

建筑面积：129 000平方米

开工时间：1985年

建成时间：1989年

设计背景 中银大厦是世界著名美籍华裔建筑师贝聿铭先生的匠心杰作。建筑特点是将中国的传统建筑意念和现代的先进建筑科技结合，大厦由4个不同高度结晶体般的三角柱身组成，呈多面棱形，好比璀璨生辉的水晶体，在阳光照射下呈现出不同色彩。这座由玻璃幕墙与铝合金构成的立体几何图形建筑物，巍然矗立在港岛中区，雄视维多利亚港。其设计灵感源自竹子的"节节高升"，象征力量、生机、茁壮和锐意进取的精神，也寓意中国银行(香港)未来继续蓬勃发展。建成时是香港最高的建筑物，也是世界第五高建筑物，现在仍是香港最高的建筑物之一。

争议 中国建筑设计应是"科学站左边，迷信站右边，风水站中间？" 1982年，建筑设计大师贝聿铭设计的中银大厦，引发了一场热闹的"风水官司"。

听信风水的香港人认为它是不吉之物，因为大厦尖削的外形像个三棱的刀，会切去阴阳之间微妙的平衡，殃及尖角对应的邻居。为此，汇丰银行在其大厦顶楼架起了四门大炮；花旗银行大厦则采取了呈书本开页形状的设计，其开口正好与中银大厦的尖角相对应，以便阻挡杀气；而港督府则种了6棵杨柳。这引起了许多争议之声。

支持者 风水不是迷信。 南京师范大学现代鉴定研究中心副主任、美里中华易经应用研究会副会长王涛说："风水其实很多就是口口相传的民间经验，比如说居室设计时，卧室门不能和大门相对。在很多风水先生那里这叫大忌，其实这是不断总结出来的生活经验。"在他看来，风水有术数风水和建筑风水之分。建筑风水中包含的民间经验多一些，而术数风水所包含的非理性的东西比较多，也就是带有点所谓的迷信成分，现在的许多房屋建筑乃至墓地的选址中都要附加上对此地风水的吹捧赞美，使得风水之说越来越玄乎。

反对者 风水不是科学。 清华大学建筑系教授陈志华认为，所谓风水中的科学性，无非就是地质、地理、结构、采光、通风、构图、布局等现代技术与审美学科的知识。比如"坐北朝南"，连蚂蚁、老鼠都知道坐北朝南，还用得着请教"风水师"吗？"我们研究建筑风水，是当成一种历史现象，而不是当成科学来研究的。"

上海交通大学科学史系主任江晓原教授也认为，风水中包含了一些科学的成分，但就其主体而言，应属于伪科学一类。

实用派 放弃争议，赚钱要紧。 同济大学建筑学博士蔡达峰教授认为，在现代社会中，风水术的运用已成为一种商业行为，这与人们内心趋利避害的"求吉"心理有关，而今更演变为一种流行的做法。源自美国的迪士尼乐园，虽然处处标榜美国文化，但在落地香港时却又不得不入乡随俗，乐园内的设计及布局均经过风水大师的精心设计，充满玄机。

03 中国上海中心大厦

设计单位: 美国Gensler建筑设计事务所
总投资: 148亿人民币
工程造价: 70亿人民币
建筑面积: 433 954平方米
占地面积: 20 300平方米
建筑高度: 632米
建筑层数: 127层
容积率: 12.5
建设地点: 陆家嘴金融中心区Z3-2地块
投资单位: 陆家嘴集团、上海市城市建设投资开发总公司、上海建工集团
开工时间: 2008年
竣工时间: 2014年

设计背景 上海中心大厦被称为上海最后的摩天大楼，规划方案投标始于2005年4月，共进行了三轮，前后历时三年多，十多家国际及国内一流的设计单位参与了这一方案的竞标。2006年上海市政府启动全球方案征集计划，当时包括国际著名的美国SOM建筑设计事务所、美国KPF建筑师事务所等都提交了正式的设计方案。2008年4月24日，在上海市十三届人大常委会第三次会议上，上海中心的最后两个候选方案曝光——龙形方案和尖顶形方案。

最后中标的龙形方案，来自美国Gensler事务所，建筑外观宛如一条盘旋升腾的巨龙，“龙尾”在大厦顶部盘旋上翘。而最后落选的尖顶形方案，来自国际顶尖级建筑大师诺曼福斯特领导的英国福斯特事务所，建筑呈笋形结构，下部宽阔，由三点支撑，到最高处变成一个尖顶，在交错的钢筋掩映下，犹如“竹笋”破土。

争议 危险系数高、巨额投资难以回报、不利于生态与环保。 上海的天际线再次被修改。由于地陷，2003年上海开始限制摩天大楼高度，2008年6月，上海中心大厦方案和高度确立后又把需不需要再建摩天大楼的争议推到台前。由于有早在1993年制订的《上海陆家嘴中心区规划设计方案》护航，使它得以逃过2003年上海颁布的停建摩天大楼的法令。然而，高层建筑正在加速上海地面下沉的现象不容忽视。据数据显示：上海目前下沉最严重的是浦东区，其中摩天大楼林立的陆家嘴金融区去年地面平均下沉3厘米，曾经的“中国第一高楼”、420米的金茂大厦附近更是下沉达6.3厘米。

“一个城市疯狂地建高层建筑是种不太自信的表现，建得越高越说明他们眼光局限，缺乏想象力，只能把建高层作为城市运营的唯一手段。在目前还处于全球金融危机的局势下，上海中心大厦给上海带来的经济象征意义已经减弱，更多突显出的是其苍白的虚荣心。”场域建筑事务所董事、主持建筑师梁井宇这样评价道。

“上海中心的方案说是‘龙形’，我看更像针管，这样一个针管能不能给上海经济注入强心针，我深表怀疑。这是个鸡肋式建筑，它已经失去了在经济上显示雄心的作用，加上上海地陷的背景，都让它处于一个尴尬的境地，未来根本赚不回钱。”清华大学建筑学院副教授周榕一针见血地指出。

2008年11月29日，总投资148亿人民币的上海中心大厦项目开工，没有剪彩、不见白鸽、不放鞭炮，现场的冷清和最初方案征选时的热闹形成强烈反差。

04 中国澳门新葡京酒店

业主：澳门博彩股份有限公司
设计单位：刘荣广伍振民建筑师事务所(香港)
施工管理：香港协兴工程有限公司
建筑面积：约170 000平方米
占地面积：约13 000平方米
建筑高度：228米
总造价：约70亿（澳门元）
开工时间：2004年
建成时间：2007年

设计背景 设计的灵感源自跳舞女郎配戴的羽毛头饰，活泼多姿，象征澳门旅游娱乐事业的兴旺。新葡京底部的"万象球"，以金蛋为造型，寓意吉祥好运；万象球的表面由120万粒液晶发光原体(LED)组成，晚上可显示千变万化的图案和文字，散发缤纷迷人的色彩。

争议 建筑造型与室内设计均与风水拉上关系，造价奢侈，建筑显得极为庸俗。

外界评价 外界对于新葡京酒店整体建筑的评价大多都与风水学说拉上关系，包括：
（1）酒店外形犹如火炬（寓意化解对面永利澳门之财气）；
（2）酒店赌场的门口是虎口形状，整体像鸟笼（寓意进入虎口，插翅难飞）；
（3）酒店赌场外围尖刀状装饰（寓意大杀三方）；
（4）酒店赌场内巨型变色蛋（寓意赌场会孵蛋，有聚客之意）；
（5）酒店赌场内金钱状射灯（寓意金钱压顶）；
（6）酒店赌场内房顶是一副海盗船的巨画，地毯的花纹是蜘蛛网（寓意天罗地网）。

业界评价 批评：2011年，旅游网站virtualtourist.com的会员和编辑第三次公布了年度世界十大最丑建筑的名单，并邀请了一些设计师参与，评出了最终结果，澳门新葡京酒店高调入围，给予的评价是，立体结构就像《梦见珍妮》(1960年在美国流行的情景喜剧)剧中的宝灯，这是一个庸俗而华丽的建筑，好像嫌本身还不够亮眼，它的表面点亮了超过100万个彩色LED照明灯。

赞扬：据香港《文汇报》报道，澳门新葡京获选为世界20座最具标志性大楼之一。美国有线电视新闻网(CNN)旗下的旅游及生活网站CNNGO邀请了世界著名建筑事务所的代表，从全球各个城市中评选出最具代表性的20座摩天大楼，新葡京酒店排行第12位。

05 中国广州大金环

设计师: 约瑟夫

项目地址: 广州荔湾区白鹅潭经济圈最南端

建筑描述: 外径146 .6米、内径47米、宽28.8米、共33层、高138米

设计背景 广州"大金环"，备用名"团圆大厦"。圆环形的大楼，在珠江水面倒影形成数字"8"，象征着大展宏图、八方聚财，是广东兴业国际仓储项目的核心建筑，也是广东塑料交易所二期工程所在。采用的是意大利人约瑟夫的设计，其灵感来自于南越王墓中的"玉佩"和奥运奖牌"金镶玉"。

争议 外观与功能失衡，造型与不久前被列为"全球十大丑陋建筑"的沈阳方圆大厦如出一辙。 华南理工大学建筑学院副院长赵红红说："象形建筑很容易让人看到个性，但这种建筑手法并不是主流，也不会成为主流。因为这类建筑往往复杂、夸张，争奇斗艳，造型新奇的同时往往牺牲了功能、结构，导致造价昂贵而不经济实用。"

艺术批评学者、中山大学教授冯原说："象形建筑易与丑陋沾边。在建筑史上，19世纪就有这类设想，但它的弊端就在于，太容易把建筑变成日常所见的事物，被定义的东西，会破坏了建筑本身功能和外观的统一。"

有专家指出，珠江边不宜建过高建筑物，形如铜钱的建筑让人觉得如"暴发户"。

06 韩国首尔龙山国际业务区商住综合大厦“THE CLOUD”

设计单位：荷兰MVRDV建筑设计公司

建成时间：2015年

设计背景 MVRDV公司是备受赞誉的建筑设计公司，成立于1993年，总部位于荷兰鹿特丹。美国克利夫兰、新奥尔良和纽约都有MVRDV公司设计的建筑。令人难以置信的是，MVRDV公司内部此前竟没有人意识到这一设计与“911”事件中遭袭燃烧的纽约世贸双子塔相似。

争议 大厦设计酷似“911”爆炸场面，激怒美国民众。2001年“911”事件在美国人心中留下了难以磨灭的重创，在恐怖袭击期间，以世界贸易中心和华盛顿五角大楼为主的建筑群遭到大面积毁坏。然而，荷兰著名建筑设计公司MVRDV在韩国首尔再添惊世之作，他们设计的奢华住宅“THE CLOUD”（云阁）竟和“911”事件中遭袭燃烧的纽约世贸双子塔惊人相似，设计图引发了美国民众的不满情绪。

“THE CLOUD”由两幢分别高260米（54层）和300米（60层）的摩天公寓组成，建筑师特别设计了“像素化云层”来将这两幢比邻的公寓拦腰连结。“像素化云层”是“THE CLOUD”的特色所在，它相当于10层楼高，全封闭，内有餐厅、咖啡屋、健身房、游泳池和会议中心等。这个标志性设计却为设计单位惹来意想不到的麻烦。

MVRDV在它的facebook主页上说：“媒体风暴已经来袭，公司已收到来自愤怒人群的电子邮件和电话，我们甚至被称做基地组织的情妇。”

07 法国巴黎乔治·蓬皮杜国家艺术文化中心

设计师：伦佐·皮亚诺、理查德·罗杰斯
占地面积：7 500平方米
建筑面积：100 000平方米
开工时间：1972年
建成时间：1977年

设计背景 乔治·蓬皮杜国家艺术文化中心起源于乔治·蓬皮杜总统的愿望。他希望在巴黎市中心建造一个完全现代并且富有创意的文化机构，使得造型艺术也能与戏剧、音乐、电影、文学、语言艺术等形态比邻而立。整座建筑共分为工业创造中心、大众知识图书馆、现代艺术馆、音乐音响协调与研究中心四大部分，在经历了1997年至1999年的翻新后，于2000年1月1日重新对公众开放，并提供了更大的空间、更丰富的内容。

争议 打破文化建筑所应有的设计常规，一反巴黎传统建筑风格，"重技派"打造的"文化工厂"和"炼油厂"。 乔治·蓬皮杜国家艺术文化中心外貌奇特，除钢架结构外，全部为玻璃覆盖。文化中心的外部钢架林立、管道纵横，并且根据不同功能分别漆上红、黄、蓝、绿、白等颜色，加之上下楼的自动扶梯也建在楼外，由玻璃罩住，貌似更大的管道。因这座现代化的建筑外观极像一座工厂，故又有"炼油厂"和"文化工厂"之称。中心打破了文化建筑所应有的设计常规，突出强调现代科学技术同文化艺术的密切关系，是现代建筑中"重技派"最典型的代表作。

由于建筑风格过于前卫，与当时巴黎传统的建筑风格完全不搭配，令很多人感到难以接受，很多巴黎市民视之为"眼中钉"。有的人赞美它是"表现了法兰西的伟大的纪念物"，有的则指出这座艺术文化中心给人以"一种吓人的体验"，与周围建筑"极不协调"。

尽管非议不断，乔治·蓬皮杜国家艺术文化中心还是逐渐发展成为巴黎最受欢迎的建筑物之一。2006年，参观中心的游客达到510万人。

08 法国巴黎卢浮宫玻璃金字塔

所获奖项: 1983年普利兹克奖
设计师: 贝聿铭
建筑结构: 钢、玻璃
平面面积: 约2 000平方米
开工时间: 1984年
建成时间: 1989年

设计背景 20世纪80年代初，法国总统密特朗决定改建和扩建世界著名艺术宝库卢浮宫。为此，法国政府广泛征求设计方案，应征者都是法国及其他国家著名建筑师，最后由密特朗总统出面，邀请世界上15个声誉卓著的博物馆馆长对应征的设计方案进行遴选。结果，有13位馆长选择了贝聿铭的设计方案。

争议 破坏了原来建筑的风格和整体性，被指“既毁了卢浮宫又毁了金字塔”。 当法国总统密特朗以国宾礼遇将贝聿铭请到巴黎，为三百年前的古典主义经典作品卢浮宫设计新的扩建时，法国人对贝聿铭要在卢浮宫的院子里建造一个玻璃金字塔的设想，表现了空前的反对。特别是规划界引起了很大反响，大部分人持反对意见，认为在古建筑群中心加一个现代化建筑，给人一种不伦不类的感觉。当贝聿铭于1984年1月23日把金字塔方案当做“钻石”提交到法国历史古迹最高委员会时，得到的回答是：“这巨大的破玩意只是一颗假钻石。”当时90%的巴黎人反对建造玻璃金字塔。

贝聿铭的儿子贝执中回忆说：“当时法国人真是目瞪口呆，甚至恼羞成怒，大叫怎么叫一个华人来修法国最重要的建筑，贝聿铭会毁了巴黎。法国人不分昼夜地表达他们的不满，指责这项建筑已经超出了法国人的心智空间，而且是一个庞大的、破坏性十足的装置。”法国的政客、建筑界也轮流起身攻击，在贝律铭的回忆里，在他投入卢浮宫扩建的13年中，有2年的时间都花在了吵架上。他的翻译当时吓得全身发抖，几乎没有办法替他翻译想答辩的话。

然而，随着该方案的实施及玻璃金字塔入口的建成和使用，它的实用性、方便性与舒适性逐渐被巴黎人所接受，并得到了广泛的好评。从空前的反对到高度的认同，这座建筑一直处于争议的风口浪尖。

09 英国伦敦奥运塔(阿赛洛·米塔尔轨道塔)

投资商: 阿塞洛·米塔尔
设计师: 阿尼什·卡普尔(英国特纳建筑奖得主)、塞西尔·巴尔蒙德
项目地址: 英国伦敦斯特拉特福德奥林匹克公园内
工程造价: 1910万英镑
开工时间: 2010年
建成时间: 2012年

设计背景 表现无形空间与镜像的错置、给人出乎意料的惊喜一直是阿尼什·卡普尔追求的方向。可惜在2010年伦敦奥运塔的设计中,这位印度裔的艺术家除了以扭曲、疲软、纠结的形式来为英国乃至欧洲的经济不景气传神写照,再也体现不出一丝后极简领军人物的宏大气魄。

伦敦塔怪异的设计也许正合约翰逊市长的心意,由于外形酷似一个阿拉伯水烟壶,市长大人还不失幽默地为它取了个“水烟壶”的外号,同时又解释说他希望有个引人注目的城市地标来吸引大家的兴趣,让大家在奥运期间和赛后前来观光。无论约翰逊和设计者的初衷如何,他们想“吸引眼球”的目的是完全达到了。

争议 “水烟壶”堪比埃菲尔铁塔?伦敦市长和它的设计投资者们自信满满,英国公众却说“NO!” 在揭幕仪式上,伦敦市长约翰逊说:“在经济不景气境况下建造英国历史上最大的公共艺术品,一些人一定认为我是疯子。但我确信,它的出现将成为奥运会的一大亮点。”试图将伦敦奥运塔与埃菲尔铁塔、罗德斯巨型雕塑甚至巴别塔相提并论,却遭到了英国公众的嗤之以鼻。

英国艺术批评家尼古拉斯·塞罗塔认为“水烟壶”虽然很高大,却并不能给人一种阳刚之感,反而让人感觉疲软无力。

英国著名建筑批评家汤姆·戴克霍夫更是把伦敦奥运塔斥为“毫无意义甚至愚蠢的所谓地标性建筑”,并以此为例对从纽约到迪拜愈演愈烈的修建城市地标建筑之风进行了尖锐抨击。

“水烟壶”不仅从功能与造型设计上无法与埃菲尔铁塔相比,光是高度就比后者矮了整整100米,卡普尔也因为自己的轻狂言论而受到了公众与媒体的嘲笑。

10 英国伦敦千年穹顶

建筑设计：理查德·罗杰斯
结构设计：布罗·哈波尔德
工程地址：英国伦敦东部泰晤士河畔格林威治半岛
工程造价：12.5亿美元
开工时间：1997年
建成时间：1999年

设计背景 千年穹顶是英国政府为了迎接21世纪而兴建的标志性建筑。设计之初，业主并没有明确规定建筑的外形。建筑师经过悉心的比较论证，决定将繁多的功能归入同一屋顶下，提出了穹顶的方案。他们主张桅杆要尽可能的高，穹顶要尽可能的大，雄心勃勃地要为伦敦创造出新的标志性建筑。

它最终确定在格林威治半岛北端的工业用地上建造，因为这里曾是欧洲最大的煤气厂，已荒废多年。这一位置的选择可推动整个地区的发展，使它重新获得振兴，这本身也代表着可持续发展的概念，体现着21世纪新的设计理念。

争议 用现代科技营造传统宗教梦魇，耗资庞大却毫无用处，成为英国总统选举相互抨击的工具，难逃拆除的厄运。 英国千年穹顶是世界各国为庆祝20—21世纪之交而兴建的一系列千禧建筑中最为著名的作品。它造型独特，气魄宏伟，辉煌一时，引起了人们的极大关注，许多人称它是20世纪90年代产生的鸿篇巨作。它是英国旅游协会评出的2000年度英国最受欢迎的收费观光景点，被誉为“伦敦的明珠”，入选全球10年十大建筑。

然而，著名财经杂志《福布斯》对建筑师进行调查，结果被选为“世界上最丑东西”的首位。有人开玩笑说，位于泰晤士河畔的千年穹顶，简直就像是乞丐乞讨时用的碗一般。

《每日镜报》在社论中大胆预言，千年穹顶将像宇宙黑洞一样，一年就可能从英国政府那儿吸走10亿英镑！

在1997年英国总统选举中，《太阳报》拿千年穹顶抨击工党政府，认为工党政府浪费巨资兴建了一座毫无用处的建筑。在一项网络投票中，网友还把“千年穹顶”选为最碍眼的景点。

不过，英国皇家建筑师学院却站出来维护千年穹顶，院长弗格森说：“我不明白建筑师们如何能够望着这样的一座建筑物说它丑陋，它是一个优雅的结构，同时亦是工程学上的卓越作品。”

在美国“911”事件发生后不久，英国民众对“千年穹顶”表示了种种担忧，英国媒体曾进行了一次本国“恐怖奇观之最”的即时电话调查，评出了英国七大恐怖奇观，“千年穹顶”名列“恐怖第二”，不仅公众对这座建筑不满意，甚至连英国政府自己都颇有微词。现在它只能静静地躺在它的“墓地”里，等着英国政府花上巨额费用将其拆除。

11 英国苏格兰国会大厦

所获奖项：爱丁堡建筑学会百年奖章
第八届西班牙建筑双年展建筑设计奖
苏格兰国际建筑大奖赛最佳公共建筑奖
英国皇家建筑师学会大奖
苏格兰皇家建筑协会安德鲁·道兰建筑奖
英国最高建筑奖项——斯特灵大奖
设计师：安立克·米拉勒斯（Enric Miralles）
设计单位：苏格兰RMGM建筑公司
占地面积：29 000平方米
工程造价：4.31亿英镑
开工时间：1999年
建成时间：2004年

设计背景 建筑师米拉勒斯的设计风格大胆且高度复杂，他曾形容自己"成长于苏格兰，崇拜戏剧性的山水作品，喜欢精巧的花朵绘画，热衷表现苏格兰弯曲的海岸线"，但其设计付诸实践后问题层出不穷。国会大厦外部最有特色的部分是帆船形的屋顶，但他与苏格兰本土公司的设计理念却经常产生碰撞。2000年米拉勒斯去世，不和谐的声音一度更加突出，在之后的三年里，余下的建筑小组先后向政府递交了18 000条左右关于建筑设计改变的申请，令方案变来变去，最终耗费了政府4.31亿英镑。苏格兰约有500万左右人口，这相当于每人捐献85英镑以完成这座建筑。

争议 性能与功能缺失，耗资不菲却"徒有虚表"。 政府大厦也避免不了外界的批评和非议。石头、不锈钢、橡木构成的苏格兰国会大厦欲把自己打造成"民主政治高飞"的典型，但大厦开放还不到一年，就陷入公众争论的汪洋大海。

早在国会大厦建造时期，这座建筑便一直是媒体与公众舆论的焦点。围绕它展开的是最初的选址争论、旧址废除的争论、选择非苏格兰本土建筑师的争论、高成本耗时长的争论等。其中最大的焦点便是政府在它身上花费的越来越高的建筑成本。早在1997年，政府预算1 000万英镑；2004年10月建成时，总共花费4.31亿英镑。正式对外开放比原计划延期三年，但刚过了一年多，这座昂贵的建筑就出了问题。2005年3月2日，一根12英尺长的桁条的一端掉了下来，这根桁条又刚好位于议员开会所在的辩论大厅，桁条在保守党的座位上空摇摇摆摆，引起议员们极大的惊慌。

当地居民认为它过于花哨，讨厌那些"多出来的钢条、石板与尽量缩小的窗户"。2004年夏天，英国BBC四频道"推倒"节目还顺应民意将它评为"最丑陋的建筑"之一。但从一些专业建筑师眼光来看，国会大厦别出心裁，设计巧妙，惊为天人，是苏格兰最漂亮的建筑。尽管颇具争议，苏格兰国会大厦仍然受到建筑界各种奖项的青睐。

12 意大利威尼斯“光之宫殿”摩天大楼

设计师：皮尔·卡丹
工程造价：15亿欧元
开工时间：2012年
建成时间：2015年

设计背景 “光之宫殿”是威尼斯改造项目中的核心工程，位于威尼斯以北开垦出来的新郊区地带。由3座高低不一的高塔组成，支撑起6只巨型圆碟。设计师形容它为“垂直的都市”，内里提供住宅、酒店、餐厅、研究以及体育等设施。大厦作为威尼斯的关口建筑，还将成为创意产业的聚集地，设置了时尚设计学校、展览空间和起步公司孵化器等。

争议 官方称这座建筑将成为威尼斯的埃菲尔铁塔，有望暂缓经济危机；意媒体批评“将毁灭威尼斯”。 2012年4月，威尼斯市批准了由法国著名时尚设计师皮尔·卡丹（Pierre Cardin）设计和资助的一座60层大厦“光之宫殿”的计划，它将极大地改变威尼斯的天际线。

这一建筑得到了意大利部分政府官员的支持，他们认为威尼斯经济不景气，大楼的兴建可以创造5 000个工作岗位，有望暂缓危机。威尼斯市市长将大厦形容为威尼斯的埃菲尔铁塔，并称“无论你喜欢与否，它都代表着建筑和工程上的创举”。

法国《费加罗报》报道说，“光之宫殿”极具未来主义色彩，却与威尼斯风格格格不入。这个怪物与威尼斯不成比例，在高度上超过威尼斯地标建筑圣马可广场上的钟楼140多米，甚至有可能遮盖圣马可广场。

文化遗产保护者称：“大楼会对威尼斯乃至意大利的自然美景造成负面影响。”他们担心该楼修建会重蹈德国易北河谷覆辙。（2006年，德国德累斯顿市执意在易北河上游兴建一座钢梁桥，导致联合国教科文组织世界遗产委员会以“这座桥梁严重破坏景观”为由，将易北河谷从《世界遗产名录》中除名。）

当地历史遗产保护协会副主席Alvise Benedetti对此大为不满，“一个外地人不能就这样来到我们这里，然后做一些毫无意思的东西”。

意大利《共和报》干脆称，这座建筑将毁灭威尼斯。

批评者认为，摩天大厦更适合迪拜，而非威尼斯这个世界文化遗产城市，也有指大楼面积太大、庸俗，对威尼斯历史悠久的美景及教堂尖塔景观造成负面影响。

13 西班牙圣地亚哥加利西亚文化城

设计师: 彼得·艾森曼
工程造价: 3亿多欧元

设计背景 加利西亚文化城的创意来自美国设计师彼得·艾森曼，其设计灵感源于圣地亚哥市的历史文化标志之一——圣地亚哥朝圣路。这条举世闻名的苦行朝圣之路被联合国教科文组织列为世界文化遗产，同时被评为第一条“欧洲文化旅行路线”。在设计蓝图中，设计师希望将文化城与老城区的地貌进行完美融合，整个文化城的建筑结合山地地势而变化，“像影子一样”覆盖在山腰之上。

争议 耗资3亿多欧元或烂尾，不仅缺乏西班牙特色，更与环境格格不入。 过长的建造周期、巨大的开销以及具体施工过程中出现的种种问题，令加利西亚文化城一直被质疑之声笼罩。由于最终的施工图纸与设计蓝图之间存在不小差距，文化城的总体风格和进程受到了很大影响。目前，已经完工的一些建筑被当地人认为“过于富有现代感，与当地环境格格不入”，这成为众多争议的导火索。

“那些建筑看起来太‘美国’了，完全没有西班牙的特色。即便如此，把它与迪拜的现代建筑相比，也找不到任何可圈可点之处。我们希望看到的是一个完全有别于其他同类设施的文化城。”圣地亚哥市民已按捺不住，纷纷对文化城发表看法。“我们很喜欢将建筑与自然景观融为一体的设计理念，想不到出现在大家眼前的却是这些笨拙的、缺乏文化深度的楼房。”

一位当地建筑师指出，文化城的几幢成品建筑确实令人匪夷所思，尤其是文化城入口处的两座楼，在外观上与主体建筑没有任何关联，显得十分突兀。不少市民担心其在金融危机的影响下沦为“烂尾”工程。诸多问题的出现，令人们对文化城能否成为圣地亚哥新的文化标志产生了怀疑。

14 德国姆施塔特森林螺旋屋

设计师：弗里德里希·汉德瓦萨
规划：海茵茨·斯普林曼
开工时间：1998年
建成时间：2000年

设计背景 鲍威林·达姆施塔特建筑公司聘请汉德瓦萨设计建造一个有105套公寓的住宅楼，选址在柏格公园附近（柏格公园是姆施塔特最著名的公园）。最后建成的住宅楼极富创意，这个建筑从西南部开始逐渐增高，到东南部时楼层已有8层，最后是一座12层高的塔。屋顶遍布绿地，两个金色的圆顶从远处就可以看到，通过不同的手法表示出山的倾斜角度。这个螺旋式建筑在德国首次使用可再生水泥，汉德瓦萨也再次通过设计的屋顶植被表达了他对环境问题一如既往的关注。

争议 形状抽象，色彩斑斓，给人离经叛道的疯狂之感，与传统概念上的建筑决裂。 德国的森林螺旋屋呈现U字形，屋顶布满草、花、树，房屋每一个窗户的设计都各不相同，里面有105间公寓和1个餐厅。它最让人叹为观止的就是不规则造型、有如旋涡的梦幻色彩、模仿不同岩石地层的线条设计。早在绘制建筑草图和设计稿的时候，被称为特立独行和另类的设计师汉德瓦萨先生就已经把建筑完成后应具备的所有元素融入进去，其中包括色彩营造的活泼气氛，圆形、螺旋和曲线等建筑语言组合所蕴涵的想象力和张力。

作为奥地利最古怪的艺术家之一，设计者汉德瓦萨（又译“百水”）拒绝理论，相信感官领域，一生排斥直线和刻板，厌恶对称和规则。他创造了别具一格的建筑装饰艺术风格：抽象如梦境一般的画面、明亮艳丽的色彩，令观者仿佛进入了记忆里的童话世界。

所有这一切都代表了与传统概念上建筑的决裂。有的建筑师为这种大胆的艺术赞叹，有的则对这种夸张的艺术不屑一顾。

15 捷克布拉格荷兰国民人寿保险公司大楼

设计师：法兰克·格里
开工时间：1992年
建成时间：1995年

设计背景 这栋新潮的建筑，刚好位于第二次世界大战期间遭美军误以为是德国的德雷斯顿而惨遭炸毁的原址上，面向伏尔塔瓦河，并在交通要道的转角处。在这栋建筑周围，中世纪、文艺复兴、巴洛克和新艺术运动时期的建筑云集于此。业主是荷兰的保险公司，房子顶楼是布拉格有名的法式餐厅——布拉格的珍珠。虽屡遭非议，但这座倾斜的大楼现在已经成为布拉格现代建筑的重要代表。

争议 一味移植美国经验，漠视当地风土环境，破坏城市纹理。 房子造型充满曲线韵律，蜿延扭转的双塔就像是两个人相拥而舞，因此被称为"跳舞的房子"，左边是玻璃帷幔外观的"女舞者"，上窄下宽，像舞裙的样子，右边圆柱状的则是"男舞者"，所以又有人以著名的双人舞者金姬·罗杰斯及弗雷德·阿斯泰尔将大楼命名为"金姬和弗雷德"，还有人将其称为"醉鬼大楼"。

有建筑师认为这座建筑在材料以及门窗的尺度上与周围环境取得了某种一致性，获得了似突兀又和谐共处的效果，显示了设计师在历史环境中创作的独到之处。然而，这栋建筑从规划到完成却是贬多于褒，成为最受争议的后现代结构主义建筑之一。尤其是设计者法兰克·格里曾被称为"外星人美国建筑师"，常因为漠视当地风土环境，只一味移植美国经验而遭人诟病。捷克人就戏称这栋建筑为"被扭曲的可口可乐瓶"，大部分人甚至认为这栋房子是美国继第二次世界大战后在欧洲投下的第二颗炸弹，是一个破坏城市纹理的象征。

16 瑞典马尔默HSB旋转大楼

设计师：圣地牙哥·卡洛特拉瓦
建筑高度：190米
开工时间：2001年
建成时间：2005年

设计背景 马尔默是瑞典第三大城市，也是南瑞典最大的市镇。马尔默面向厄勒海峡，随着多年前通往丹麦哥本哈根的厄勒跨海大桥的开通，这座小城开始进一步发挥海陆交通大门的作用。旋转大厦的原型是一个白色大理石雕塑，由雕塑家圣地牙哥·卡洛特拉瓦创作，力图表现一个扭转的人体造型。HSB公司总裁无意间看到这座雕塑，甚是喜爱，于是力邀圣地牙哥·卡洛特拉瓦以此为基础完成了旋转大厦的设计。

争议 与周围建筑相比，高度上鹤立鸡群，风格上标新立异，是瑞典人“闷骚”的产物，前所未有的难度挑战。 旋转大厦位于马尔默西港区，从楼底到楼顶共旋转90度，是瑞典最高的建筑，也是欧洲公寓建筑中海拔最高的。外形与其周边的建筑比起来可谓鹤立鸡群，独树一帜，曾吸引了当地和国际上很多媒体的眼球，同时它也是争议最多的一座建筑。造型就像是一个本来规矩的长方体，被人活生生扭转了90度，使人连视觉都觉得被扭曲了，被当地民众称为“打扮最入时的百变女郎”。这是一项前所未见的挑战，难度极高，工程所在地为瑞典的马尔默，当地严寒的冬日与强烈的北海海风使兴建过程难如登天。

在2005年世界摩天大楼网站评选中，旋转大厦被选为当年最优秀的摩天大楼之一。该网站评委称赞说，这座大楼的设计和施工体现了探险精神和创新意识，给古老的马尔默增添了灵动与生气。

在美国杂志《私家地理》最新发起的“2012最受读者青睐的全球新地标”评选活动中，这座大楼被读者列入“全球顶级摩天大楼”前五强。

17 加拿大密西沙加市玛丽莲·梦露大厦

所获奖项：2012年6月，被CTBUH（高层建筑与人居环境委员会）评选为"美洲地区高层建筑最高奖"

设计师：马岩松

设计单位：北京MAD建筑事务所

项目地点：加拿大密西沙加

开工时间：2007年

建成时间：2011年

设计背景 玛丽莲·梦露大厦位于加拿大第七大城市密西沙加市（Mississauga），2005年底，密西沙加市的两家开发商决定举办当地40年来的首次公开国际建筑设计竞赛——为规划中的一栋50层高的地标性公寓楼寻找一个创新的设计，建设一栋具有时代意义的超高层建筑，从而树立城市新形象。这是中国建筑师首次通过国际公开竞赛赢得设计权，标志着新一代的中国建筑师已经开始了创意中国的时代。

争议 高层次的复杂性，"性感"有余，稳定不足，缺少成为标志性建筑的历史和文化内涵。 The Absolute Tower，中国建筑师马岩松设计建造的"绝对大厦"因其蜿蜒妖娆的外形被当地人亲切称为"玛丽莲·梦露大厦"。设计不再屈服于现代主义的简化原则，而是表达出一种更高层次的复杂性，来更多元地接近当代社会和生活的多样化、多层模糊的需求。连续的水平阳台环绕整栋建筑，传统高层建筑中用来强调高度的垂直线条被取消了，整个建筑在不同高度进行着不同角度的逆转，来对应不同高度的景观文脉。

建筑评论家方振宁认为："以前中国设计师在海外只能获得一些小项目，通过竞赛获得这样的大设计项目还是第一次，说明20世纪70年代出生的设计师开始出头。"他认为，此前很多人说中国是海外建筑师的试验场，但是马岩松的成功说明这些试验恰好刺激了中国建筑师的崛起和成熟，所以要看到今天中国建筑大跃进的正面意义。

不过，有建筑师私下认为这栋大厦的造型非常夸张，虽然梦幻优美，但从其他角度的照片和示意图来看，确有些七扭八歪，给人一种不稳定感，想必初次欣赏了大厦外观的人们不会立刻就产生进入大厦里面的想法。这座性感大厦时髦有余，却缺少与当地历史和文化的融合性，如何将看上去非常大胆的设计方案落实，并控制建筑成本，是面临的巨大挑战。

18 美国克利夫兰摇滚名人堂

设计师: 贝聿铭
工程造价: 8 400万美元
开工时间: 1993年
建成时间: 1995年

设计背景 美国"摇滚名人堂"坐落在克利夫兰闹市区，毗邻北美五大湖之一的伊利湖，其基金会成立于1983年。相比被视为美国流行乐坛最高荣誉奖的"格莱美奖"，"摇滚名人堂"显得厚重许多，它考虑到了入选音乐人对整个摇滚乐历史的贡献，更能证明他们的辉煌成就。这些入主的音乐人，首先他们被提名的时间必须距离首张专辑发行25年以上，此外要对推动摇滚乐发展作出足够的贡献，并且在摇滚史上具备不朽的地位。

争议 设计师认为是"大胆的几何图案"，美媒体批评"奇怪的造型+浪费空间+烧钱无底洞"。 克利夫兰摇滚名人堂由世界级建筑大师、美籍华人贝聿铭先生一手设计。《福布斯》杂志曾将其列为全球最丑陋建筑排行榜的次席。贝聿铭认为这是"大胆的几何图案"，但是后来的事实证明，人们并不欣赏。很多人认为该建筑并不实用，而且同8 400万美元的造价毫不相称。此"金字塔"不能与卢浮宫金字塔同日而语，甚至被指"伟大建筑师的败笔"，克利夫兰摇滚名人堂也因其奇怪的造型而招来许多非议。

2008年，美国有线电视新闻网(CNN)根据多个地区居民的民意评选出世界十大最丑陋的建筑，克利夫兰摇滚名人堂入围前五。

贝聿铭说，他设计这座摇滚乐建筑物，是为了显示摇滚音乐的能量。一些参观者则开玩笑说，他们能够看到这座建筑物在摇摆。

19 美国西雅图音乐体验博物馆

设计师: 法兰克·盖里
建筑面积: 140 000平方英尺（1平方英尺=0.092 903 04平方米）
工程造价: 1亿美元
建成时间: 2000年

设计背景 这个音乐体验博物馆是微软联合创始人之一保罗·艾伦为纪念美国已逝知名摇滚音乐家杰米·亨德利克斯（Jimi Hendri）而投资兴建，博物馆里还包含了整个西北的摇滚场景以及美国流行音乐的历史。

争议 粗野主义、表现主义与高科技的混合体，美感缺失。 经防火外包处理的不规则钢拱，像苍老的古树一样与闪亮的金属装修并肩而立；展柜所附着的内墙也是粗糙的防火材料，天然质感，未加掩盖或修饰。建筑形式相当不规则，大量的曲线使之更接近表现主义的手法，加之各种当代最先进的高技术设备，使之成为一个粗野主义、表现主义与高科技的混合体。这栋建筑的设计概念，是几把被敲烂丢在地上的吉他，建筑没有任何几何图形。从较远的地方看去，这个建筑就像地上的一个“巨大的灰斑”，但设计师初衷是想反映出“音乐的流动和能量”。

西雅图的这座新标志性建筑物并未得到当地居民的认可，它成为了《福布斯》全球最丑陋建筑排行榜上的“探花”。学术界也并不买账，宾夕法尼亚州立大学建筑系教授布莱特·比德斯认为：“盖里的绝大多数作品都是伟大的，但这一件不是。”

虽然屡遭批评，但自2000年对外开放以来，西雅图音乐体验博物馆已接待逾500万游客，一直是西雅图非营利性艺术和文化机构的强大经济支柱，机构支出和观众消费为当地带来逾600万美元的经济收入。

20 美国西雅图中央图书馆

所获奖项： 2004年《时代杂志》最佳建筑奖
2005年AIA荣誉奖（美国建筑业界最高成就奖）
2007年，被美国建筑师学会评为150个最喜爱的建筑之一（排第108名）
设计师： 雷姆·库哈斯、乔舒亚·拉莫斯
项目地址： 美国华盛顿州西雅图
工程造价： 2亿美元
占地面积： 34 000平方米
开工时间： 1999年
建成时间： 2004年

设计背景 西雅图中央图书馆是OMA在21世纪的第一个经典作品，亦是著名的解构主义建筑。它位于西雅图市中心，是一幢由11层（56米高）的玻璃和钢铁组成的建筑，分立的“浮动平台”形成独特和突出的外观，就像置身在一个庞大的蜘蛛网上。

争议 大胆而新颖的设计被业界普遍赞扬，当地民众却认为外观不像图书馆，且与市容格格不入。 西雅图中央图书馆（Seattle Central Library）是美国西雅图公共图书馆系统的旗舰馆，大胆而新颖的设计落成后，引起西雅图当地居民的批评，主要是其外观一点都不像图书馆，且与市容格格不入。但这个造价接近2亿美元的经典建筑却获得了设计界不少好评，并将西雅图推向了国际建筑舞台。

21 澳大利亚墨尔本联邦广场

所获奖项: 1997年伦敦雷博建筑设计大奖
2003年英国FX国际室内设计奖
2003年迪拜建筑和城市空间都市设计奖
2003年澳大利亚皇家建筑师协会最佳城市设计奖和最佳室内设计奖
2003年澳大利亚维多利亚州皇家建筑师协会勋章
2005年亚太地区最佳公共建筑奖
设计师: 彼得·戴维森
工程造价: 4.3亿澳币
开工时间: 1997年
建成时间: 2002年

设计背景 这个项目是为墨尔本市建造的一个新的市民广场，包括为澳洲维多利亚国家艺术馆建造的新馆（NGVA）以及写字楼、工作室、画廊、饭店、咖啡馆和商铺等。建造广场的宗旨，就是要提供一个公共场所，让人们可以聚会，而对外来的游客，对民间的庆祝活动、游行和公共活动，则是一座“地标”。

联邦广场的设计灵感来自于数学中的几何图形，设计师设法将理念的静态图形转变成生活中的动态几何，以建筑的形式来表现自然的丰富性。它功能的多样性和倾斜的结构为室外演出和活动提供了空间，也成为运动和文化集会的动态站点。

争议 设计被指过度前卫、过分复杂，开放后却迎来大量游客。 复杂的表面、独特的三维是建筑师追求的效果。整个广场由五个三角形叠加，变成一个大的直角三角形，形成一个外立面板，五个外立面板再拼成一个更大的板块。拼装三角形和它周围的其他三角形不在一条直线上，都朝着不同的方向。内部表面的装饰给墙壁分出层次，在钢结构上面叠加了玻璃结构，它的第二外层包括金属结构、石板、金属板和金属网格板。广场建筑群以其抽象的超现实的模式展现在世人面前，成为21世纪墨尔本的新象征。

有人说它是个“垃圾堆”，一个“迪斯尼式”的“奇怪世界”，夸张的“德国式表现主义”，更被人气网站Virtual Tourist评为“世界十大最丑陋建筑之一”。自2002年正式开放以来就一直饱受争议，建筑设计师彼得·戴维森称收到大量当地居民表示不满的邮件。但联邦广场的网站则表示，该建筑在2005年吸引了创纪录的840万游客，并声称与维多利亚女皇市场是维多利亚州参观人数最多的两处景观。

22 新西兰惠灵顿国会大厦行政楼

设计师: 巴斯·斯彭斯

建成时间: 1980年

设计背景 新西兰国会大厦由三大建筑组成，包括哥特式图书馆、英国文艺复兴式议政厅、圆形办公大楼（即蜂巢），迥然不同的建筑风格使国会大厦成为一个奇妙的组合。

"蜂巢"位于新西兰首都惠灵顿莫尔斯沃思街（Molesworth Street）和兰姆顿大道（Lambton Quay）的拐角处，高72米，一共有14层，其中地上10层、地下4层，由英国建筑师巴斯·斯彭斯（Basil Spence）设计。据说最初是在一个午餐聚会的餐巾纸上绘制的草图，后于1965年完成了初步的设计，"蜂巢"一词因此成为新西兰议会的代名词。

争议 风格不伦不类，与周围建筑形成巨大反差，被指"强烈的对比之下简直是自取其辱"。 新西兰国会大厦（Government Building）建筑群是新西兰惠灵顿最吸引游客的名胜之一，其中最引人注目的就是行政楼，别名"新西兰惠灵顿蜂巢"。这座别具特色的蜂窝式建筑物，是南太平洋最宏伟的木结构建筑之一。4层全木结构建筑，外形酷似蜂巢，内部采取了有效的防强地震设计，以适应新西兰这样的多地震国家。

国会大厦是一座庄严的哥特式建筑，而"蜂巢"是意大利设计风格，外观与传统的蜂箱非常相似，长期以来都是人们争论的焦点，有人认为它是城市地标，有人认为它不伦不类。

Virtual Tourist网站将新西兰惠灵顿蜂巢评为"世界上最丑陋的十大建筑之一"，该网站称："新西兰国会大厦行政楼就像是一个幻灯片放映机坠入一个婚礼蛋糕中，同时婚礼蛋糕又搁在一个水车上面。蜂巢就在具有爱德华时代新古典主义的国会大厦附近，强烈的对比之下简直就是自取其辱。"

后　记

众所周知，现代社会日趋多元化，人们逐渐喜欢用不同的标准去评价建筑的“好”和“坏”。正如上海世博会中国馆总设计师何镜堂表示：“每个人都可以提出不同的看法，而且任何一个标志性建筑肯定会有争议。”

本书是出版人与编者倾心尽力在针对当今地标建筑热潮及地标建筑多遭争议的情况下，对当代有争议的建筑进行的一个全方位的思考与探索。无论立意、策划，还是运作、实施都付出了艰辛的努力与艰难的创新。

编者在阐述当代顶级地标建筑“从无到有”的设计与建造过程时，紧密结合项目争议点、项目背景、设计特色以及后期运营等相关因素，使读者对这些建筑有了更立体、更全面的了解。从中，读者可以“取其长，避其短”。书中展示的翔实材料和图片，仿佛是一架放大镜，读者透过它能更清晰地看到一个极具争议性的建筑，从其诞生到成型过程中的生动图景。

该书的立项及实施得到了现今国际知名建筑设计公司的大力支持与帮助，如扎哈·哈迪德建筑师事务所、荷兰大都会建筑事务所、迈尔建筑事务所、伦佐·皮亚诺建筑工作室等，他们为本书提供了丰富的项目信息，包括翔实的文字和图片资料，最终促成了本书的顺利出版，在此表示衷心感谢。

经过3个多月的艰苦工作，本书终于脱稿了。与其他建筑类图书相比，本书不仅内容更丰富，而且可以说令人耳目一新，其中涉及的不少观点和设计特色具有很大的启发、借鉴意义。作为编者，既欣慰，又惴惴不安。欣慰的是经过努力，能够与广大的读者分享这些顶级地标建筑成型的背后故事，其意义自不待言；不安的是，愈深入地沉浸和求索其中，愈感到这些专业设计的深度与奥妙，深恐因编者的专业知识不深而有所纰漏，恳请广大读者批评指正。